普通高等教育"十二五"系列教材

U0643026

电路理论实验

主　编　何东钢　郭显久

副主编　姜国兴

编　写　姜凤娇　崔新忠

主　审　金明录

中国电力出版社
CHINA ELECTRIC POWER PRESS

内 容 提 要

本书是依据高等院校工科电类专业本科课程的教学大纲,结合电工电子实验中心多年的电路实验教学经验并借鉴其他相关实验教材编写而成的。全书共分为5章,包括概述、常用电子元器件、电路基础实验、Multisim在电路原理中的应用、实验仪器设备使用说明,最后的附录部分给出了实验考核表。

本书可作为普通高等院校电气、电子、通信、自动化、计算机等电类专业电路理论实践实训教材,也可供工程技术人员参考。

图书在版编目(CIP)数据

电路理论实验/何东钢,郭显久主编 . —北京:中国电力出版社,2014.9(2024.8 重印)

普通高等教育"十二五"规划教材

ISBN 978 - 7 - 5123 - 6496 - 7

Ⅰ.①电… Ⅱ.①何…②郭… Ⅲ.①电路理论-实验-高等学校-教材 Ⅳ.①TM13-33

中国版本图书馆 CIP 数据核字(2014)第 215692 号

中国电力出版社出版、发行

(北京市东城区北京站西街 19 号   100005   http://www.cepp.sgcc.com.cn)

北京天泽润科贸有限公司印刷

各地新华书店经售

*

2014 年 9 月第一版   2024 年 8 月北京第六次印刷

787 毫米×1092 毫米   16 开本   11.25 印张   268 千字

定价 **23.00** 元

前　言

　　电路实验课程是电类专业学生第一门必修的重要专业实验课程，在电类专业中具有重要的地位和作用。通过电路实验的动手实践，对学生树立严肃认真的科学作风，形成理论联系实际的工程观点，培养科学思维能力、分析计算能力、实验研究能力、应用设计能力、现代化工具使用能力和科学归纳能力等方面都有着重要的作用。同时，作为电路理论课程的补充，可使学生掌握电路的基本理论和分析方法，掌握实践操作、仿真分析和系统设计的初步技能，培养学生研究实践和勇于创新的意识和精神，并为后续课程准备必要的电路知识和实践技能。

　　全书共分为 5 章，主要内容包括概述、常用电子元器件、电路基础实验、Multisim 在电路原理中的应用、实验仪器设备使用说明等内容。第 1 章介绍实验的基本知识、基本方法和基本要求；第 2 章介绍电路原理实验中常用的元器件性能、参数和用途；第 3 章包含电路基本实验 15 个，覆盖了电路原理大部分知识点，可根据教学要求选择；第 4 章介绍了 Multisim 在电路原理中的应用，对第 3 章中部分电路实验用 Multisim 进行仿真；第 5 章介绍了电路基本实验所用的实验仪器设备使用说明。每个实验项目围绕实验目的详细介绍实验原理和测量方法，设计了具体的实验内容和步骤，使学生逐步掌握实验操作技能，积累实践经验，在研究中激发兴趣和提高能力。

　　本书由大连海洋大学何东钢、郭显久担任主编，并负责全书统稿工作。姜国兴担任副主编，姜凤娇和崔新忠参加了编写。由于编者水平有限，书中难免有疏漏和欠妥之处，敬请各位专家和读者批评指正。有些参考资料，尤其是网上的参考资料没有一一列出，在此对各位同仁表示谢意和歉意。

　　最后对担负本书主审的辽宁省通信学会副理事长、大连理工大学金明录教授表示最诚挚的感谢！

编者

2014 年 8 月

目　　录

第1章 概 述

1.1 电路实验须知

电路实验的目的是使学生了解一些常用电气设备和元器件，掌握电路测量方法和一般的安全用电知识，要求学生通过实际操作，培养独立思考、独立分析和独立实验的能力。为使实验正确、顺利地进行，保证设备、仪器仪表和人身的安全，在进行实验时，应注意以下几点。

1.1.1 预习报告

为了提高实验效率，达到良好的实验效果，实验前必须认真进行预习，写出预习报告。预习报告可以起到以下作用：

（1）真正了解实验目的，为本次实验制定出合理的实验方案，进入实验室后即可按照预习报告进行实验。

（2）为实验后的总结提供原始资料。

因此，在实验预习时，要认真阅读本实验教程和相关的理论教材，弄清实验电路的基本原理，掌握参数的测量方法；阅读实验教程中相关仪器使用方法和主要性能，估算测试的数据和实验结果。填写实验考核表中预习思考题。

1.1.2 电源

实验桌上设有电源开关，由实验室统一供电，实验前应弄清各输出端点间的电压数值。对于直流稳压电源，在接入线路之前应调节好输出电压数值，使之符合实验线路要求。

1.1.3 实验线路连接

（1）熟悉实验线路原理图，能读图并能按图接好实验线路。

（2）实验线路接线要准确、可靠和有条理，插头与线路中的插孔的结合要紧固，以免接触不良引起部分线路断开。

（3）线路中不要结活动裸接头，距离较远的两接线端必须选用长导线直接跨接，以免操作不慎或偶然原因触电，致使线路造成意想不到的后果。

（4）线路接好后，应先由同组同学相互检查，然后请实验指导教师检查同意后，才能接通电源开关，进行实验。

（5）在实验过程中，测量数据要握住表笔的绝缘部分，不得触摸裸露的带电部分，以免造成触电。

（6）在进行线路的接线、改线或拆线以前，必须断开电源开关，严禁带电操作，避免在接线或拆线过程中，造成电源设备或部分线路短路而损坏设备或线路元器件。

1.1.4 仪器仪表

（1）认真掌握每次实验所用仪器仪表的使用方法、放置方式（水平或垂直），并弄清仪表的型号、规格和精度等级。

（2）仪器仪表与实验线路板（或设备）的位置配合应合理，以便于实验操作和测量。

（3）仪器仪表上的旋钮有起止位置，旋转时要用力适度，旋转到头时严禁强制用力，以免损坏旋钮内部的轴及其连接部分，影响实验进行。

（4）测量前应根据计算的物理量数值选择好仪表的量限，然后将仪表接入线路测试点。对于指示仪表，应弄清所选量限的刻度数值，被测量值通常应处在仪表量限的一半以上。应顺着指针方向读数，以减少读数误差。

（5）实验用仪表一般应在实验线路稳定运行后接入线路测试，同时要观察指针偏转情况，如超过量限应立即取出。

1.1.5　对实验中异常现象的处理

在实验过程中，如发现火花、异声、异味、冒烟、过热等异常现象，应立刻断开电源，保护现场，请指导教师一起检查原因。

1.1.6　实验结束整理

（1）实验完成后，应将实验记录交指导教师检查认可后，方可拆线。

（2）实验结束应先断开电源开关，然后才能拆线。

（3）实验桌上的仪器仪表和实验箱应摆放整齐，连接导线应收拾干净。

1.1.7　实验报告书写

每个学生应在实验完成后及时完成实验报告。实验报告是实验的总结，书写时应字迹工整、结论简洁。通过完成实验报告，不仅能加深理论学习的内容，而且能培养正确总结实验工作和进行科学实验的能力。实验报告包括以下几个方面：

（1）实验目的。

（2）实验仪器及设备。

（3）实验原理及线路。

（4）实验内容及步骤简述。

（5）填写实验考核表完成实验总结。

1.1.8　实验注意事项

（1）实验前应先仔细阅读本实验教程。

（2）使用时，手要干燥、干净，禁止用锋利的东西划刮实验装置及配件。

（3）做强电实验时，必须先接好线路图，认清零线、地线、相线，经检验无误后再通电，严禁用手或导电物在带强电的器件上相碰，违章操作触电责任自负。

（4）实验完毕，必须关断电源总开关。

1.2　电 路 实 验 基 础 知 识

1.2.1　计量

计量是指实现单位统一、量值传递的活动。它属于测量，源于测量，而又严于一般测量。计量与其他测量一样，是人们理论联系实际、认识自然、改造自然的方法和手段。计量与测试是含义完全不同的两个概念。测试是具有试验性质的测量，也可理解为测量和试验的综合，它具有探索、分析、研究和试验的特征。计量单位是为定量表示同种量的大小而约定定义和采用的特定量。如表 1 - 2 - 1 所示是电路实验中常用的计量单位及其符号表示。

表 1 - 2 - 1　　　　　　　　　　　电路实验中常用计量单位及其符号表示

量的名称	量的符号	单位名称	单位符号
电荷	Q	库[伦]	C
电容	C	法[拉]	F
电阻	R	欧[姆]	Ω
电导	G	西[门子]	S
电感	L	亨[利]	H
电压	U	伏[特]	V
电流	I	安[培]	A
电能	W	瓦·时	W·h
[有功]功率	P	瓦[特]	W

1.2.2　误差

电路实验离不开对物理量的测量，测量有直接的，也有间接的。由于仪器、实验条件、环境等因素的限制，测量不可能无限精确，物理量的测量值与客观存在的真实值之间总会存在着一定的差异，这种差异就是测量误差。误差不可避免，但若用更精确的仪器或更好的方法，是可以减小误差的。设被测量的真值（真正的大小）为 a，测得值为 x，误差为 ε，则

$$x-a=\varepsilon$$

误差与错误不同，错误是应该而且可以避免的，而误差是不可能绝对避免的。从实验的原理、实验所用的仪器及仪器的调整，到对物理量的每次测量，都不可避免地存在误差，并贯穿于整个实验始终。测量时，由于各种因素会造成少许的误差，这些因素必须去了解，并有效地解决，方可使整个测量过程中误差减至最少。测量时，造成误差的因素主要有系统误差和偶然误差，而系统误差有下列情况：视差、刻度误差、磨耗误差、接触力误差、挠曲误差、余弦误差、阿贝（Abbe）误差、热变形误差等。

1.2.2.1　根据误差产生的原因及性质分

根据误差产生的原因及性质可分为系统误差、随机误差和疏失误差三大类。

1. 系统误差

系统误差的大小在测量过程中是不变的，可以用计算或实验方法求得，即是可以预测的，并且可以修正或调整使其减少。

（1）产生原因。

1）由于仪器结构上不够完善或仪器未经很好校准等原因会产生误差。例如，各种刻度尺的热胀冷缩，温度计、表盘的刻度不准确等都会造成误差。

2）由于实验本身所依据的理论、公式的近似性，或者对实验条件、测量方法的考虑不周也会造成误差。例如，用伏安法测电阻时没有考虑电表内阻的影响等。

3）由于测量者的生理特点，例如反应速度、分辨能力，甚至固有习惯等也会在测量中造成误差。

（2）特点。

系统误差的特点是测量结果向一个方向偏离，其数值按一定规律变化。我们应根据具体

的实验条件，找出产生系统误差的主要原因，采取适当措施降低它的影响。

2. 偶然误差

在相同条件下，对同一物理量进行多次测量，由于各种偶然因素，会出现测量值时而偏大、时而偏小的误差现象，这种类型的误差叫做偶然误差。

（1）产生原因。

产生偶然误差的原因很多，例如读数时，视线的位置不正确，测量点的位置不准确，实验仪器由于环境温度、湿度、电源电压不稳定、振动等因素的影响而产生微小变化等。这些因素的影响一般是微小的，而且难以确定某个因素产生的具体影响的大小，因此偶然误差难以找出原因加以排除。

（2）特点。

大量次数的测量所得到的一系列数据的偶然误差都服从一定的统计规律，这些规律有：

1）绝对值相等的正的与负的误差出现机会相同。

2）绝对值小的误差比绝对值大的误差出现的机会多。

3）误差不会超出一定的范围。

通过实验，结果表明，在确定的测量条件下，对同一物理量进行多次测量，并且用它的算术平均值作为该物理量的测量结果，能够比较好地减少偶然误差。

3. 疏失误差

疏失误差是一种过失误差。这种误差是由于测量者对仪器不了解、粗心，导致读数不正确而引起的，测量条件的突然变化也会引起粗差。含有粗差的测量值称为坏值或异常值。必须根据统计检验方法的某些准则去判断哪个测量值是坏值，然后删除。

1.2.2.2　按表示方法分

测量误差按表示方法来分有绝对误差和相对误差，当用于表示测量仪器时还有引用误差。

1. 绝对误差

（1）绝对误差的定义。绝对误差 Δx 是测得值 x 与其实际值 x_0 之差，即 $\Delta x = x - x_0$。

（2）修正值（校正值）。与绝对误差的绝对值大小相等但符号相反的量值称为修正值（用 C 表示），即 $C = -\Delta x = x_0 - x$。

通过检定（校准）由上一级标准（或基准）以表格、曲线或公式的形式给出受检仪器的修正值。在测量时，利用测得值与已知的修正值相加，可算出被测量的实际值。在测量中修正值本身也有误差，修正后的数据只是更接近实际值。对于自动化程度较高的测量仪器，可以将修正值编成程序储存在仪器中，在测量时仪器自动进行修正。规定绝对误差和修正值的量纲与测得值一致。

2. 相对误差

（1）相对误差的定义。相对误差 δ_x 是测得值的绝对误差 Δx 上与其真值 x 之比（用百分数表示），即

$$\delta_x = \frac{\Delta x}{x_0} \times 100\% = \frac{x - x_0}{x_0} \times 100\%$$

一般情况下可用绝对误差与实际值 x_0 之比来表示相对误差。相对误差可以恰当地表征测量的准确程度。相对误差是一个只有大小而没有量纲的数值，在误差较小、要求不太严格

的场合，也可以用测量值代替实际值。这时的相对误差称为示值相对误差，即

$$\delta_x = \frac{\Delta x}{x_0} \times 100\%$$

（2）分贝误差。用对数形式表示的误差称为分贝误差。它是相对误差的另一种表现形式，用 δ_{db} 来表示。如果输出量与输入量（例如电压）测得值之比为 $\frac{U_o}{U_i}$，则增益的分贝值为 $\delta_{db} = 20\lg\frac{U_o}{U_i} dB$，分贝误差也有正负之分。测得值的相对误差越小，表示它的准确度越高。所以评价测量水平时，应使用相对误差来比较，它是误差计算中最常用的一种表达形式。

3. 引用误差

引用误差是仪表某一刻度点读数的绝对误差 Δx 与仪表量程上限 A_m 之比，并用百分数表示。最大引用误差是仪表在整个量程范围内的最大示值的绝对误差 Δm 与仪表量程上限 A_m 之比，并用百分数表示。即

$$\gamma_m = \frac{\Delta m}{A_m} \times 100\%$$

电工仪表的准确度等级就是由 γ_m 决定的，如 1.5 级的电能表，表明 $\gamma_m \leqslant \pm 1.5\%$。我国电工仪表按值共分七级：0.1、0.2、0.5、1.0、1.5、2.5、5.0。

4. 标称误差

标称误差＝最大的绝对误差/量程×100%

5. 测量仪器的示值误差

测量仪器的示值误差是指测量仪器示值与对应输入量的真值之差。这是测量仪器的最主要的计量特性之一，其实质就是反映了测量仪器准确度的大小。示值误差大则其准确度低，示值误差小则其准确度高。

示值误差是对真值而言的。由于真值是不能确定的，实际上使用的是约定真值或实际值。为确定测量仪器的示值误差，当其接受高等级的测量标准器检定或校准时，则标准器复现的量值即为约定真值，通常称为实际值，即满足规定准确度的用来代替真值使用的量值。所以指示式测量仪器的示值误差为

示值误差＝示值－实际值

实物量具的示值误差为

实物量具的示值误差＝标称值－实际值

例如：被检电流表的示值 I 为 40A，用标准电流表检定，其电流实际值为 I_0 为 41A，则示值 40A 的误差 Δ 为

$$\Delta = I - I_0 = 40 - 41 = -1(A)$$

则该电流表的示值比其真值小 1A。

1.2.3　误差、偏差和修正值的概念区别

偏差是指一个值减去其参考值，对于实物量具而言，偏差就是实物量具的实际值对于标称值偏离的程度，即

偏差＝实际值－标称值

修正值是指为清除或减少系统误差，用代数法加到未修正测量结果上的值。这三个概念其量值的关系：误差＝－偏差；误差＝－修正值；修正值＝偏差。在日常计算和使用时要注

意误差和偏差的区别，不要相混淆。

　　为了在测量前就将示值的系统误差产生的根源予以消除或减小，使用测量仪器的人员应对测量仪器中可能产生系统误差的环节进行仔细分析，并采取相应措施。为了准确地测量电路中实际的电压和电流，必须保证仪表接入电路后不会改变被测电路的工作状态。这就要求电压表的内阻为无穷大，电流表的内阻为零，而实际使用的常用电工仪表都不能满足上述要求。因此，当测量仪表一旦接入电路，就会改变电路原有的工作状态，这就导致仪表的读数值与电路原有的实际值之间出现误差。误差的大小与仪表本身内阻的大小密切相关。只要测出仪表的内阻，即可计算出由其产生的测量误差。

1.3　电路测量方法

1.3.1　电路测量的基本方法

1. 静态测量和动态测量

静态测量和动态测量是根据测量过程中被测量是否随时间变化来区分的。前者是指测量时，被测电路不加输入信号或只加固定电位，如放大器静态工作点的测量；后者是指在测量时，被测电路需加上一定频率和幅度的输入信号，如放大器增益的测量。

2. 直接测量法和间接测量法

（1）直接测量法。使用按已知标准定度的电子仪器，对被测量值直接进行测量，从而测得其数据的方法，称为直接测量法。例如用电压表测量交流电源电压等。需要说明的是，直接测量并不意味着就是用直读式仪器进行测量，许多比较式仪器虽然不一定能直接从仪器刻度盘上获得被测量之值，但因参与测量的对象就是被测量，所以这种测量仍属直接测量。一般情况下直接测量法的精确度比较高。

（2）间接测量法。使用按已知标准定度的电子仪器，不直接对被测量值进行测量，而对一个或几个与被测量具有某种函数关系的物理量进行直接测量，然后通过函数关系计算出被测量值，这种测量方法称为间接测量法。例如，要测量电阻的消耗功率，可以通过直接测量电压、电流或测量电流、电阻，然后根据 $P=UI=I^2R=U^2/R$ 求出电阻的功率。有的测量需要直接测量法和间接测量法兼用，称为组合测量法。例如将被测量和另外几个量，组成联立方程，通过直接测量这几个量，最后求解联立方程，从而得出被测量的大小。

3. 直读测量法与比较测量法

（1）直读测量法。直读测量法是直接从仪器仪表的刻度上读出测量结果的方法。如一般用电压表测量电压，利用频率计测量信号的频率等都是直读测量法。这种方法是根据仪器仪表的读数来判断被测量的大小，由于其简单方便，因而被广泛采用。

（2）比较测量法。比较测量法是在测量过程中，通过被测量与标准直接进行比较而获得测量结果的方法。电桥就是典型的例子，它是利用标准电阻（电容、电感）对被测量进行测量。

1.3.2　测量方法的选择

采用正确的测量方法，可以得到比较精确的测量结果，否则会出现测量数据不准确或错误，甚至会出现损坏测量仪器或损坏被测设备和元件等现象。例如用万用表的 $R\times1$ 挡测量小功率晶体管的发射结电阻时，由于仪表的内阻很小，使晶体管基极注入的电流过大，结果晶体管尚未使用就可能会在测试过程中被损坏。在选择测量方法时，应首先考虑被测量本身的特性、所处的环境条件、所需要的精确程度以及所具有的测量设备等因素，综合考虑后正确地选择测量方法、测量设备并编制合理的测量程序，才能顺利地得到正确的测量结果。

1.3.3 测量仪器的放置

在电路测量中完成一项电参量的测量，往往需要数台测量仪器及各种辅助设备。例如，要观测负反馈对单级放大器的影响，就需要低频信号发生器、示波器、电子电压表及直流稳压电源等仪器。电子测量仪器摆放位置、连接方法等是否合理都会对测量过程、测量结果及仪器自身安全产生影响。因此要注意以下两点：

（1）进行测量前应安排好电子测量仪器的位置。放置仪器时，应尽量使仪器的指示电表或显示器与操作者的视线平行，以减少视差；对那些在测量中需频繁操作的仪器，其位置的安排应方便操作者的使用；在测量中当需要两台或多台仪器重叠放置时，应把重量轻、体积小的仪器放在上层；对散热量大的仪器还要注意它的散热条件及对邻近仪器的影响。

（2）电子测量仪器之间的连线。电子测量仪器之间的连线除了稳压电源输出线外，其他的信号线要求使用屏蔽导线，而且要尽量短，尽量做到不交叉，以免引起信号的串扰和寄生振荡。

1.3.4 测量仪器的接地

电子测量仪器的接地有两层意义，一是以保障操作者人身安全为目的的安全接地，二是以保证电子测量仪器正常工作为目的的技术接地。

（1）安全接地。安全接地的"地"是指真正的大地，即实验室大地。大多数电子测量仪器一般都使用 220V 交流电源，而仪器内部的电源变压器的铁芯及初、次级之间的屏蔽层都直接与机壳连接，正常时，绝缘电阻一般很大（达 $100M\Omega$），人体接触机壳是安全的；当仪器受潮或电源变压器质量不佳时，绝缘电阻会明显下降，人体接触机壳就可能触电，为了消除隐患要求，要安全接地。

（2）技术接地。技术接地是一种防止外界信号串扰的方法。这里所说的"地"，并非大地，而是指等电位点，即测量仪器及被测电路的基准电位点。技术接地一般有一点接地和多点接地两种方式。一点接地适用于直流或低频电路的测量，即把测量仪器的技术接地点与被测电路的技术接地点连在一起，再与实验室的总地线（大地）相连；多点接地则应用于高频电路的测量。

1.4 实验数据的处理与表示

实验中，任何直接测量所得到的数值都是近似值。由这些近似值再根据一定的理论计算公式，通过运算而得到的间接测量值，当然也是近似值。为了减小不应有的误差，获得较精确的测量结果，测量值的读取和运算必须遵守一定的规则。

1.4.1 直接测量数据的读取

一般情况下，直接测量所得到的数据的误差只用一位数字表示。这时，仪器读数的最后一位是读数误差的所在位。为了减小读数误差，从仪器上读取数据时，应尽可能估读到仪器最小刻度的 1/10。有些分度较窄而指针较宽的指针式仪表，可以估读到其指示度盘的最小刻度的 1/5 或 1/2。

测量数据的读数位数应与对测量精度要求的位数相适应。恰当的读数位数与正确地选择仪器、仪表有关，还与正确选择仪器、仪表的量程有关。测量时，指针式仪表的指针偏转应在量程 1/3 以上的位置。对数字式仪表、电桥和电位差计等，选择使它们的最高位或第一个测量盘有读数。

为了提高测量结果的可靠性和精确度，在相同情况下，应对同一被测量采用较多次数的重复测量。特别是在有干扰影响或在动态测量的时候，仪器读数的指示装置往往不稳定，在这种情况下，更应读取多次的测量数据，通过求算术平均值的方法，来确定被测量的实验结果，或者在不严格的情况下，读取其指示数值中出现次数最多的数据作为测量的结果。

1.4.2　有效数字及舍入原则

1. 有效数字的概念

由于在测量中不可避免地存在错误，并且仪器分辨力有一定限度，因此测量数据不可能完全准确。同时在计算中用 $\sqrt{2}$、π 等数字时，只能取近似值，所以最终数据也是近似值。

近似值是一个接近于正确值又不等于正确值的数，所以，如何用近似值表示测量结果就涉及有效数字问题。

有效数字是指在分析工作中实际能够测量到的数字。我们把通过直读获得的准确数字叫做可靠数字；把通过估读得到的那部分数字叫做存疑数字。把测量结果中能够反映被测量大小的带有一位存疑数字的全部数字叫有效数字。例如，由电流表测得电流为 12.6mA，这是个近似数，12 是可靠数字，而末位 6 为存疑数字，即 12.6 为三位有效数字。

2. 舍入原则

在利用测量数据进行计算时，为了使计算结果反映测量误差，必须注意计算过程中所用数字和计算结果数字保留几位有效数字的问题，需要将多余的位数进行舍入。在一般数字计算中采用"四舍六入五成双"的办法，但在测量中由于数据要反映测量误差，因此，从数字出现的概率和舍入后引起舍入误差的考虑出发，采取如下原则：当保留 n 位有效数字，若第 $n+1$ 位数字小于或等于 4 就舍掉；当保留 n 位有效数字，若第 $n+1$ 位数字大于或等于 6 时，则第 n 位数字进 1；当保留 n 位有效数字，若第 $n+1$ 位数字为 5 且后面数字为 0 时，则第 n 位数字若为偶数时就舍掉后面的数字，第 n 位数字为奇数时加 1；若第 $n+1$ 位数字为 5 且后面还有不为 0 的任何数字时，无论第 n 位数字是奇或是偶都加 1。

如将下组数据保留一位小数：

$$45.77 \approx 45.8 \quad 43.03 \approx 43.0 \quad 0.26647 \approx 0.3 \quad 10.3500 \approx 10.4$$
$$38.25 \approx 38.2 \quad 47.15 \approx 47.2 \quad 25.6500 \approx 25.6 \quad 20.6512 \approx 20.7$$

1.4.3　有效数字位数的保留

当需要将几个测量数据进行运算时，如果有效数字保留太多，则会使运算复杂，且容易出错，而保留太少又会影响测量结果的精度。由于运算后的结果的精度将被参加运算数据中精度最差的一项所限制，因此，保留位数的原则是：参与运算的各测量数据所代表的精度一般不高于其中误差最大的一项所代表的精度。

加减运算时，各项必然是同单位的物理量，误差最大的一项，也就是小数点后面有效数字位数最少的那一项。因此，凡小数点后面位数比它多的其他项，均可删略到与之相同。

例如：求 $0.0121 + 25.64 + 1.05782$ 的和运算，正确计算是 $0.01 + 25.64 + 1.06 = 26.71$。

上例相加 3 个数字中，25.64 中的 "4" 已是存疑数字，因此最后结果有效数字的保留应以此数为准，即保留有效数字的位数到小数点后面第二位。

乘除法运算时，保留有效数字的位数以位数最少的数为准，即以相对位数最大的为准。例如：对于 34.58 与 12.6 的乘积运算，如直接运算 $34.58 \times 12.6 = 435.708 \approx 436$。

显然比较复杂。如按上述原则先删掉多余的有效数字再运算，则有 $34.5 \times 12.6 = 435.96 \approx 436$。

1.4.4　平均与加权平均

条件相同的测量称为等精度测量，等精度测量结果取平均值可以提高精度。但有时也经常由于设备、环境、人员等条件的改变，而发生非等精度测量。例如：一台精密仪器测得 1 个数据，而另一台不够精密的仪器测得 9 个数据，如果简单地将这 10 个数相加取平均值，是不合理的。不等精度测量的数据不应同等地处理，而应把精度高的测量数据加重分量，称作加权。方法是将高精度测量数据的参加平均次数，取得比实际测量次数多一些，然后再平均，称作加权平均。

1.5　实验结果的图解处理

表示一个测量结果，除了用数字以外，还经常使用各种曲线。这在研究一个物理量与另一个（或几个）物理量的依从关系时显得特别方便。有时待测量正好就是关系曲线上的某个参数，例如，幅频特性曲线上对应于不同电压幅度的几个特殊频率点：中心频率、上限频率、下限频率，就要从幅频特性曲线上读取。图解法是数据处理的一个极为重要的方法。

1.5.1　作图的一般知识

作图前，为了避免差错，应将所测数据列表备查。

作图的坐标最常用的是直角坐标，此外还有对数坐标、极坐标等。在直角坐标中，线形分度应用最为广泛，如图 1-5-1 所示。坐标中的 x 轴与 y 轴应标明其分别表示的物理量名称、单位及分度的量值。

对于函数 $y = f(x)$，一般是把自变量 x 作为横坐标。根据具体情况，坐标不一定从 0 开始。如图 1-5-2 所示，数据点可用空心圆、实心圆、三角形等作标记，其中心则应与测量点相重合，标记大小一般在 1mm 左右。

粗略作图时，可以使数据点大体沿所作曲线两侧均匀分布，如图 1-5-3 所示，如果数据点中含有明显的粗大误差则应舍弃。

测量数据点的选择，应根据曲线的具体形状而定，通常使之沿曲线均匀分布，在曲线变化急剧的地方，测量点应适当密一些，如图 1-5-4 所示。

坐标分度及比例的选择对正确反映和分析测量结果有直接关系，通常应注意以下几个问题。

首先，坐标的分度与测量的精度相一致，如分度过细，就会夸大测量精度，造成测量精度过高的错觉；反之，分度过粗，则会损失原有的测量精度，增加作图误差。

其次，横坐标和纵坐标的比例不一定强求一致，应根据具体情况适当选择，以便于分析，而不致造成错觉。图 1-5-5 所示的曲线，如比例选择不当，可能会绘成图 1-5-6 那样，曲线变化规律很不明显，甚至误认为是一条直线。

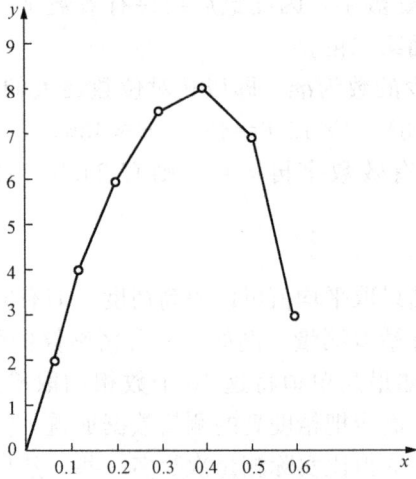

图 1-5-1　线形分度直角坐标

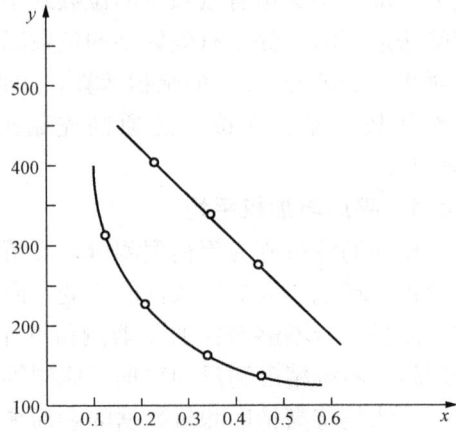

图 1-5-2　数据点的标记符号

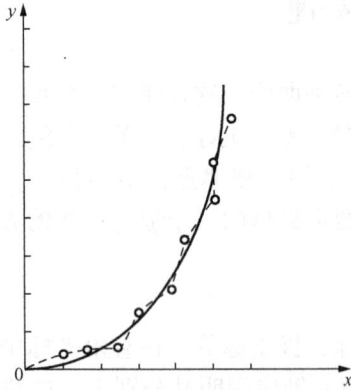

图 1-5-3　数据点的分布情况

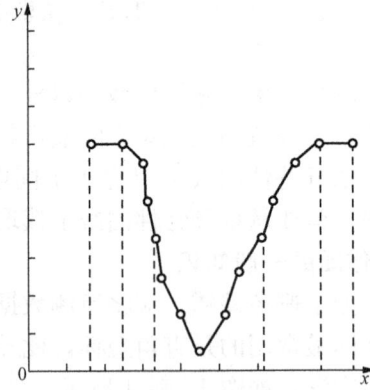

图 1-5-4　曲线变化急剧处的数据点分布情况

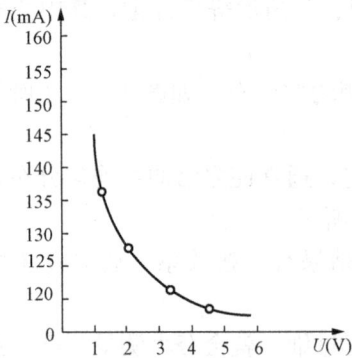

图 1-5-5　纵横坐标比例尺选择适当

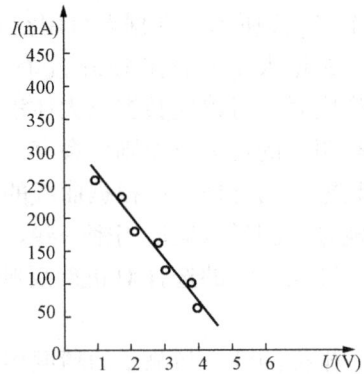

图 1-5-6　纵横坐标比例尺选择不当

1.5.2 曲线的拟合

在测量两个或多个量之间关系变化的实验曲线时，为了使测量数据能充分、正确地体现被测量间关系变化的客观规律，在读取实验数据时，在曲线变化剧烈的部分要多取数据点，在曲线变化比较缓慢或线性变化区，可少取数据点，曲线上极值点和拐点处的数据要完整。为了便于测量，在读取数据前，首先应仔细观察随自变量变化的曲线形状，对变化关系复杂的曲线，可先根据观察的数据画出曲线的大致形状，标出其特殊点的数据，以备精确测量数据时作参考。然后，根据被测曲线的变化特征列表，读取测量数据，这样可以提高测量的速度和精度。

在实际测量过程中，由于各种误差的影响，测量数据将出现离散现象，如将测量点直接连接起来，将不是一条光滑的曲线，而是呈折线状，如图 1-5-7 所示。我们应用有关误差理论，可以把各种随机因素引起的曲线波动抹平，使其成为一条光滑均匀的曲线，这个过程称为曲线的拟合。在要求不太高的测量中，常采用一种简便、可行的工程方法——分组平均法来修匀曲线。这种方法是将各测量点分成若干组，每组含 2~4 个数据点，然后分别估取各组的几何重心，再将这些重心连接起来。图 1-5-8 所示为每组取 2~4 个数据点进行平均后的修匀曲线。这条曲线，由于进行了测量点的平均，在一定程度上减少了偶然误差的影响，使之较为符合实际情况。

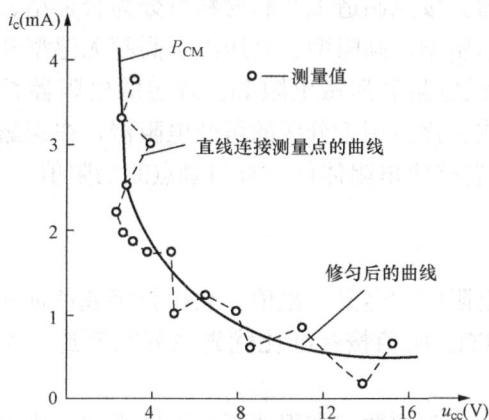

图 1-5-7 直线连接测量点时曲线的波动情况

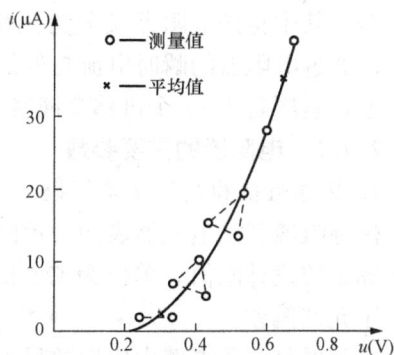

图 1-5-8 分组平均法修匀曲线

第2章　常用电子元器件

任何电路都由电子元器件组成，了解电子元件的工作原理、性能、结构和参数是非常必要的。电阻器、电容器和电感器是常用的电子元器件。

2.1　电　阻　器

2.1.1　电阻器的定义、分类

电阻器在日常生活中一般直接称为电阻。它是一个限流元件，将电阻接在电路中后，电阻器的阻值是固定的，一般是两个引脚，它可限制通过它所连支路的电流大小。电阻常用符号 R 表示，单位为 Ω。

电阻的种类有很多，按其使用功能可分为固定电阻器、可变电阻器和特殊电阻器。阻值不能改变的称为固定电阻器。阻值可变的称为电位器或可变电阻器。阻值随着外界条件（如压力、温度、光线等）而改变的称为特殊电阻器。按照制造工艺和材料可分为合金型、薄膜型和合成型电阻器。按用途又可分为通用型、精密型、高阻型、高压型、高频无感型和特殊电阻器，其中特殊电阻器又分为光敏电阻、热敏电阻和压敏电阻等。理想的电阻器是线性的，即通过电阻器的瞬时电流与外加瞬时电压成正比。用于分压的可变电阻器，在裸露的电阻体上，紧压着 $1\sim2$ 个可移金属触点，触点位置确定电阻体任一端与触点间的阻值。

2.1.2　电阻器的主要参数

1. 标称阻值和允许误差等级

标称阻值就是电阻器表面所示的阻值，是电阻的"名义"阻值。它用数字或色标在电阻器上标记的设计阻值，单位为 Ω、$k\Omega$、$M\Omega$、$T\Omega$。阻值按标准化优先系列数制造，系列数对应于允许偏差。

电阻器是电子电路中应用数量最多的元件，通常按功率和阻值形成不同系列，供电路设计者选用。普通电阻器标称阻值系列一般选用 E24、E12、E6，精密固定电阻器的标称阻值系列一般选用 E192、E96、E48，见表 2-1-1。电阻器在电路中主要用来调节和稳定电流与电压，可作为分流器和分压器，也可作电路匹配负载。根据电路要求，还可用于放大电路的负反馈或正反馈、电压—电流转换、输入过载时的电压或电流保护元件，又可组成 RC 电路作为振荡、滤波、旁路、微分、积分和时间常数元件等。

表 2-1-1　　　　　　　　　　　电阻器标称阻值系列

系列代号	容许误差（±%）	电阻器标称阻值（Ω）
E6	20	1.0、1.5、2.2、3.3、4.7、6.8
E12	10	1.0、1.2、1.5、1.8、2.2、2.7、3.3、3.9、4.7、5.6、6.8、8.2
E24	5	1.0、1.1、1.2、1.3、1.5、1.6、1.8、2.0、2.2、2.4、2.7、3.0、3.6、3.9、4.3、4.7、5.1、5.6、6.2、6.8、7.5、8.2、9.1

电阻器允许误差等级一般分为九级，具体见表 2-1-2，N 级很少用。

表 2-1-2　　　　　　　　　　　电阻器允许误差等级

系列代号	允许误差（±%）	文字符号	误差级别
E192	0.1	B	
	0.25	C	
	0.5	D	005
E96	1	F	01
E48	2	G	02
E24	5	J	Ⅰ
E12	10	K	Ⅱ
E6	20	M	Ⅲ
N	30		

2. 电阻器的功率

电阻器的标称功率是指在正常大气压力为 90～106.6kPa、环境温度为 −55～+70℃、周围空气不流通、长期连续工作不损坏或基本不改变性能的情况下，电阻器上允许消耗的最大功率。

电阻器在电路中实际上是个将电能转换成热能的元件，消耗电能使自身温度升高。电阻器实际消耗的电功率 P 等于加在电阻器上的电压与流过电阻器电流的乘积，即 $P=UI$。电阻器的额定功率从 0.05～500W 之间数十种规格。在电阻的使用中，应使电阻的额定功率大于电阻在电路中实际功率值的 1.5～2 倍以上。小功率电阻器通常由封装在塑料外壳中的碳膜构成；而大功率电阻器通常为绕线电阻器，通过将大电阻率的金属丝绕在瓷心上而制成。

不同类型的电阻有不同系列的标称功率，电阻器的功率等级见表 2-1-3。线绕电阻器一般也将功率等级印在电阻器上，其他电阻器一般不印注功率值。

表 2-1-3　　　　　　　　　　　电阻器功率等级

名称	标称功率（W）
实心电阻器	0.25、0.5、1、2、5
线绕电阻器	0.5、1、2、6、10、15、25、35、50、75、100、150
薄膜电阻器	0.05、0.125、0.25、0.5、1、2、5、10、25、50、100

3. 最大工作电压

电阻器的最大工作电压是指长期工作不发生过热或电击击穿损坏时两端所加的最大电压 U_m。根据标称功率和标称阻值可计算出一个电阻器在达到满功率时，两端所允许施加的电压 U_p。实际应用时，电阻器两端的电压既不能超过 U_m，也不能超过 U_p。否则，电阻器内部会产生电火花，引起噪声，甚至损坏。

4. 温度系数

温度系数是指温度每变化 1℃ 所引起的电阻值的相对变化，用 ppm/℃ 表示。表达式为

$$TCR = \frac{\Delta R}{R \Delta T}$$

其中，R 是标准温度下（一般为 25℃）的电阻值，ΔT 是温度变化量，ΔR 是温度变化时所产生的电阻值变化量。温度系数越小越好，其可能是线性的，也可能是非线性的。

5. 老化系数

老化系数是指电阻器在额定功率长期负荷下阻值相对变化的百分数，它是表示电阻器寿命长短的参数。

6. 电压系数

电压系数是指在规定电压范围内，电压每变化 1V，电阻器的相对变化量。

7. 噪声电动势

噪声电动势是指产生于电阻器中的一种不规则的电压起伏，包括热噪声和电流噪声。热噪声是由于导体内部不规则的电子自由运动产生的导体任意两点的电压不规则变化，是可以消除的。电流噪声是流过电阻器的电流所引起的。电阻器的噪声在一般电路中是不用考虑的，但是在弱信号系统中不可忽视。

2.1.3　电阻器的型号命名

根据国家标准，电阻器型号命名方法由以下 4 部分组成。第 1 部分用字母 R 表示产品主称；第 2 部分用字母表示产品材料；第 3 部分用数字及字母表示类型；第 4 部分用数字表示序号。电阻器的型号命名法见表 2-1-4。如 RJ71-0.125-5.1kI 表示精密金属膜电阻器，标称功率为 1/8W，标称电阻值为 5.1kΩ，允许误差为 5%。

表 2-1-4　　　　　　　　　　电 阻 器 型 号 命 名 法

第 1 部分		第 2 部分		第 3 部分		第 4 部分
主称		材料		类型		序号
符号	意义	符号	意义	符号	意义	
R	电阻器	T	碳膜	1	普通型	
W	电位器	P	硼碳膜	2	普通型	
		U	硅碳膜	3	超高频	
		C	沉积膜	4	高阻	
		H	合成膜	5	高温	
		I	玻璃釉膜	7	精密	包括：额定功率、阻值、允许误差、精度等级
		J	金属膜	8	电阻器—高压	
		Y	氧化膜	9	特殊	
		S	有机实心	G	高功率	
		N	无机实心	T	可调	
		X	线绕	X	小型	
		R	热敏	L	测量用	
		G	光敏	W	微调	
		M	压敏	D	多圈	

2.1.4　电阻器的标识方法

电阻的标称阻值和允许偏差一般都标在电阻体上，标识方法有三种：直标法、数码法和色环标识法。

1. 直标法

直标法是用数字和单位符号在电阻器表面标出阻值和允许偏差。如在表面标有 2k2，则表明该电阻器的电阻值为 2.2kΩ。允许误差等级用罗马数字表示，见表 2-1-2，若电阻器上无允许误差等级，则均为 ±20%。

2. 数码法

数码法是用 3 位阿拉伯数字和文字符号两者有规律的组合来表示标称阻值和允许误差。3 位阿拉伯数字的前 2 位数字表示电阻器阻值的有效数字，第 3 位则表示前两位有效数字后面应加 "0" 的个数。如 233 表示 23kΩ。片状电阻通常采用数码法标注。如果是小数，则用 "R" 表示 "小数点"，并占用一位有效数字，其余两位是有效数字。例如：2R4 表示 2.4Ω，R15 表示 0.15Ω。

3. 色环标识法（色标法）

用不同颜色的色环或点在电阻器表面标出标称阻值和允许误差，电阻值单位一律为 Ω，国外电阻器大部分采用色标法。色环标识法有四条色环和五条色环两种。色环对应的数值见表 2-1-5 和表 2-1-6。

表 2-1-5　　　　　　　　　　四环电阻的识别方法

颜色	黑	棕	红	橙	黄	绿	蓝	紫	灰	白	金	银	无色
第一环数字	0	1	2	3	4	5	6	7	8	9			
第二环数字	0	1	2	3	4	5	6	7	8	9			
倍乘数	10^0	10^1	10^2	10^3	10^4	10^5	10^6	10^7	10^8	10^9	10^{-1}	10^{-2}	10^0
误差（±%）		1	2			0.5	0.25	0.1			5	10	

四环电阻前两条色环表示阻值的有效数字，第三条色环表示有效数字后面应加 "0" 的个数，最后一条色环表示偏差。如某电阻色环为红橙黑金，即环数字（十位）"红" 二环数字（个位）"橙" ×倍乘数 "黑" 误差 "金"。

$$红橙黑金 = 23 \times 10^0 = 23Ω(\pm 5\%)$$

表 2-1-6　　　　　　　　　　五环电阻的识别方法

颜色	黑	棕	红	橙	黄	绿	蓝	紫	灰	白	金	银	无色
第一环数字	0	1	2	3	4	5	6	7	8	9			
第二环数字	0	1	2	3	4	5	6	7	8	9			
第三环数字	0	1	2	3	4	5	6	7	8	9			
倍乘数	10^0	10^1	10^2	10^3	10^4	10^5	10^6	10^7	10^8	10^9	10^{-1}	10^{-2}	
误差（%）		1	2			0.5	0.25	0.1	±20		±5	±10	

五环电阻前三条色环表示阻值的有效数字，第四条色环表示有效数字后面应加 "0" 的个数，最后一条色环表示偏差。如某电阻色环为红蓝绿黑棕，即一环数字（百位）"红" 二

环数字（十位）"蓝"三环数字（个位）"绿"×倍乘数"黑"误差。

$$红蓝绿黑棕为 265×10^0＝265Ω(±1\%)$$

识别一个色环电阻器的标称值和精度，首先要确定首环和尾环。按照色环的印刷规定，离电阻器端边最近的为首环，较远的为尾环。四环电阻，最后一环必定为金色或银色；五环电阻中，尾环的宽度比其他环的大 1.5～2 倍。

2.1.5　电阻器的选用

选用电阻时应首先确定电阻的阻值，然后确定其他参数。选用电阻时要注意以下几点：

（1）选择电阻的标称功率要高于实际消耗功率的 1.5～2 倍，避免实际应用中电阻过热，引发事故。

（2）电阻在使用前要进行检查、测量，检查其性能好坏就是测量实际阻值与标称值是否相符，误差是否在允许范围之内。

（3）若选用非色环电阻，则应将标称值标识朝上，且顺序一致，以便于观察。

（4）电路的串并联对于电阻的选取是有影响的。阻值相同的电阻串联或并联，额定功率等于各个电阻额定功率之和。阻值不同的电阻串联时，额定功率决定于高阻值电阻；并联时，取决于低阻值电阻，且需要计算方可应用。

（5）选择哪一种材料和结构的电阻器，应根据应用电路的具体要求而定。高频电路应选用分布电感和分布电容均很小的非线绕电阻器，例如碳膜电阻器、金属电阻器、金属氧化膜电阻器、薄膜电阻器、厚膜电阻器、合金电阻器、防腐蚀镀膜电阻器等。高增益小信号放大电路应选用低噪声电阻器，例如金属膜电阻器、碳膜电阻器和线绕电阻器，而不能使用噪声较大的合成碳膜电阻器和有机实心电阻器。

（6）无特殊需求时，一般可选金属膜或碳膜电阻，成本低、安装工艺较简单。

2.1.6　电阻器的测量

1. 外观检查

对于固定电阻首先查看标志清晰，保护漆完好，无烧焦，无伤痕，无裂痕，无腐蚀，电阻体与引脚紧密接触等。对于电位器还应检查转轴灵活，松紧适当，手感舒适。有开关的要检查开关动作是否正常。

2. 万用表检测

测量时要注意以下两点：

（1）要根据被测电阻值确定量程，使指针指示在刻度线的中间一段，这样便于观察。

（2）确定电阻挡量程后，要进行调零，方法是将两表笔短路（直接相碰），调节"调零"按钮使指针准确地指在 Ω 刻度线的"0"上，然后再测电阻的阻值。另外，还要注意人手不要碰电阻两端或接触表笔的金属部分，否则会引起测试误差。

用万用表测出的电阻值接近标称值，就可以认为基本上质量是好的，如果相差太多或根本不通，就是坏的。

（1）固定电阻的检测。用万用表的电阻挡对电阻进行测量，对于测量不同阻值的电阻选择万用表的不同倍乘挡。对于指针式万用表，由于电阻挡的示数是非线性的，阻值越大，示数越密，所以选择合适的量程，应使表针偏转角大些，指示于 1/3～2/3 满量程，读数更为准确。若测得阻值超过该电阻的误差范围、阻值无限大、阻值为 0 或阻值不稳，说明该电阻器已坏。

在测量中注意拿电阻的手不要与电阻器的两个引脚相接触，这样会使手所呈现的电阻与被测电阻并联，影响测量准确性。另外，不能带电情况下用万用表电阻挡检测电路中电阻器的阻值。在线检测应首先断电，再将电阻从电路中断开出来，然后进行测量。

（2）熔丝电阻和敏感电阻的检测。熔丝电阻一般阻值只有几到几十欧，若测得阻值为无限大，则已熔断。也可在线检测熔丝电阻的好坏，分别测量其两端对地电压，若一端为电源电压，一端电压为 0，则熔丝电阻已熔断。

敏感电阻种类较多，以热敏电阻为例，又分正温度系数和负温度系数热敏电阻。对于正温度系（PTC）热敏电阻，在常温下一般阻值不大，在测量中用烧热的电烙铁靠近电阻，这时阻值应明显增大，说明该电阻正常，若无变化说明元件损坏；负温度系热敏电阻则相反。

光敏电阻在无光照（用手或物遮住光）的情况下万用表测得阻值大，有光照时表针指示电阻值有明显减小。若无变化，则元件损坏。

（3）可变电阻和电位器的检测。首先测量两固定端之间电阻值是否正常，若为无限大或零，或与标称相差较大，超过误差允许范围，都说明已损坏；电阻体阻值正常，再将万用表一只表笔接电位器滑动端，另一只表笔接电位器（可调电阻）的任一固定端，缓慢旋动轴柄，观察表针是否平稳变化，当从一端旋向另一端时，阻值从零欧变化到标称值（或相反），并且无跳变或抖动等现象，则说明电位器正常，若在旋转的过程中有跳变或抖动现象，说明滑动点接触不良。

3. 用电桥测量电阻

如果要求精确测量电阻器的阻值，可通过电桥（数字式）进行测试。将电阻插入电桥元件测量端，选择合适的量程，即可从显示器上读出电阻器的阻值。例如，用电阻丝自制电阻或对固定电阻器进行处理来获得某一较为精确的电阻值时，就必须用电桥测量自制电阻的阻值。

2.2　电　容　器

2.2.1　电容器的定义、分类及特点

电容器是一种存储电荷的器件。电容器是电子设备中大量使用的电子元件之一，广泛应用于电路中的隔直通交、耦合、旁路、滤波、调谐回路、能量转换、控制等方面。事实上任何两个彼此绝缘且相隔很近的导体（包括导线）间都可以构成一个电容器。电容为基本物理量，用字母 C 表示，单位为法拉，符号 F。

电容器的种类很多，主要分为以下 4 类：

（1）按照结构分：固定电容器、可变电容器和微调电容器。

（2）按电解质分：有机介质电容器、无机介质电容器、电解电容器、电热电容器和空气介质电容器等。

（3）按用途分：高频旁路、低频旁路、滤波、调谐、高频耦合、低频耦合、小型电容器。

（4）按制造材料的不同分：瓷介电容、涤纶电容、电解电容、钽电容，还有先进的聚丙烯电容等。

常用的固定电容种类、特点及适用场合见表 2 - 2 - 1。

表 2-2-1　　　　　　　　　常用固定电容种类、特点及适用场合

按介质分类	名称型号		主要参数		主要特点	适用场合
			电容量	额定电压		
有机介质	纸介电容 CZ		100pF～10μF	0.036～30kV	结构简单、价格低、介质损耗大、稳定性不高	直流、低频电路
	金属化纸介电容 GJ		6500pF～30μF		体积小、容量大，比同容量纸介电容体积小	直流、低频电路
	有机薄膜电容	聚丙烯电容 CBB	1000pF～10μF	50～2000V	体积小、稳定性略差	高需求电路
		涤纶电容 CL	470pF～4μF	63～630V	小体积、大容量、耐热、耐湿、稳定性差	稳定性和损耗要求低的低频电路
无机介质	瓷介质电容 CC		1～1000pF	63～500V	体积小、质量轻、价格低、容量小	高频信号耦合
	云母电容 CY		10pF～0.1μF	100V～7kV	价格较高，精度和温度特性、耐热性、寿命等较好	高频电路和高稳定电路
	玻璃釉电容 CI		4.7pF～4μF	63～400V	稳定性较好、损耗小、耐高温（200℃）	脉冲、耦合、旁路
电解电容	铝电解电容 CD		0.47～10 000μF	＜450V	有极性、容量大、体积小、耐压高、损耗大、热稳定性差	低频耦合、电源滤波
	钽电解电容 CA		0.1～1000μF	＜450V	体积小，比铝电解电容好	可代替铝电解电容

2.2.2 电容器的主要性能参数

1. 标称电容量和允许误差

标称电容量是标注在电容器上的电容量。电容器的基本单位是 F，但是，这个单位太大，在实际标注中很少采用。其他单位关系如下：

$$1F = 10^6 μF \qquad 1μF = 10^6 pF$$

电容器实际电容量与标称电容量的最大偏差称允许误差，在允许的误差范围称精度。精度等级与允许误差对应关系：00（01）—±1、0（02）—±2、Ⅰ—±5、Ⅱ—±10、Ⅲ—±20、Ⅳ—（20-10）、Ⅴ—（50-20）、Ⅵ—（50-30），一般电容器常用Ⅰ、Ⅱ、Ⅲ级，电解电容器用Ⅳ、Ⅴ、Ⅵ级，根据用途选取。

2. 额定电压

额定电压是在最低环境温度和额定环境温度下可连续加在电容器的最高直流电压有效值，一般直接标注在电容器外壳上。若在交流电路中，要注意所加的电压最大值不能超过电容的直流工作电压值。若要用于脉动电路，则应按交、直流分量总和不得超过电容器的额定电压来选用。假如工作电压超过电容器的耐压，电容器击穿，造成不能修复的永久损坏。

普通无极性电容器的标称耐压值有 63、100、160、250、500、630、100V；有极性电容的耐压值相对于无极性电容的耐压值要低，一般有 1.6、4、6.3、10、16、35、50、63、80、100、220、400V。

3. 绝缘电阻

直流电压加在电容上，并产生漏电电流，两者之比称为绝缘电阻或漏电电阻。当电容较小时，主要取决于电容的表面状态；容量大于 0.1μF 时，主要取决于介质的性能。绝缘电阻越大越好。

为恰当地评价大容量电容的绝缘情况而引入了时间常数，它等于电容的绝缘电阻与容量的乘积。

4. 损耗

理想的电容器应没有能量损耗，而实际上，电容在电场作用下，在单位时间内会因发热而消耗能量，这就叫做损耗。各类电容都规定了其在某频率范围内的损耗允许值，电容的损耗主要由介质损耗、电导损耗和电容所有金属部分的电阻所引起。

5. 频率特性

随着频率的上升，一般电容器的电容量呈现下降的规律。

6. 常用公式

平行板电容器公式：
$$C = \frac{\varepsilon S}{4\pi k d}$$

2.2.3　电容器的型号命名

国产电容器的型号一般由 4 部分组成（不适用于压敏、可变、真空电容器），依次分别代表主称、材料、分类特征和序号。

第 1 部分：主称，用字母表示，电容器用 C；

第 2 部分：材料，用字母表示；

第 3 部分：分类特征，一般用数字表示，个别用字母表示；

第 4 部分：序号，用数字表示。

电容器的型号命名法见表 2-2-2。

2.2.4　电容器的标识方法

1. 直标法

用数字和单位符号直接标出。如 1μF 表示 1 微法，有些电容用"R"表示小数点，如 R56 表示 0.56 微法。对于没有标识单位的电容的读法是：普通电容器标识数字为整数的，容量单位为 pF，标识为小数的容量单位为 μF，对于电解电容器，省略不标出的单位是 μF。

2. 文字符号法

用数字和文字符号有规律的组合来表示容量。如 p10 表示 0.1pF，1p0 表示 1pF，6P8 表示 6.8pF，2μ2 表示 2.2μF。

3. 色标法

用色环或色点表示电容器的主要参数。电容器的色标法与电阻相同，颜色涂在电容器的一端或从顶端向另一侧排列。前两位为有效数字，第三位为倍乘数，单位是 pF。有时候色环较宽，如橙橙红，两个橙色环涂成一个宽的，表示 3300pF。

表 2 - 2 - 2　　　　　　　　　　　电容器的型号命名法

第1部分 主称		第2部分 材料		第3部分 分类特征					第4部分 序号
用字母表示		用字母表示		用数字或字母表示					用数字表示
符号	意义	符号	意义	符号	意义				意义
					瓷介	云母	有机	电解	
C	电容器	C	瓷介	1	圆片		非密封	箔式	对主称、材料相同，仅性能指标、尺寸大小有差别，但基本不影响互换使用的产品，给予同一序号；若性能指标、尺寸大小明显影响互换使用时，则在序号后面用大写字母作为区别代号
		I	玻璃釉	2	管型	非密封	非密封	箔式	
		O	玻璃膜	3	叠片	密封	密封	烧结粉液体	
		Y	云母	4	独石	密封	密封	烧结粉固体	
		V	云母纸	5	穿心		穿心		
		Z	纸介	6					
		J	金属化纸	7				无极性	
		B	聚苯乙烯	8	高压	高压	高压		
		F	聚四氟乙烯	9			特殊	特殊	
		L	涤纶	T	铁电				
		S	聚碳酸酯	W	微调				
		Q	漆膜	J	金属化				
		H	复合介质	X	小型				
		D	铝电解	S	独石				
		A	钽电解	D	低压				
		G	合金电解	M	密封				
		N	铌电解	Y	高压				
		T	钛电解	C	穿心式				
		M	压敏						
		E	其他材料						

4. 数学计数法

一般用三位数字来表示电容器容量的大小，单位为 pF。前两位为有效数字，后一位表示倍乘数。但当第三位数字是 9 时，则对有效数字乘以 0.1。如某瓷介电容，标值 272，容量就是 $27 \times 100 pF = 2700 pF$。如果标值 473，即为 $47 \times 1000 pF = 47\,000 pF$（后面的 2、3 都表示 10 的多少次方）。又如：$339 = 33 \times 0.1 pF = 3.3 pF$。

2.2.5　电容器的选用

1. 电容器种类的选择

应根据电路要求选择电容器的类型。对于要求不高的低频电路和直流电路，一般可选用纸介电容器，也可选用低频瓷介电容器。在高频电路中，当电气性能要求较高时，可选用云母电容器、高频瓷介电容器或穿心瓷介电容器。在要求较高的中频及低频电路中，可选用塑料薄膜电容器。在电源滤波、去耦电路中，一般可选用铝电解电容器。对于要求可靠性高、稳定性高的电路中，应选用云母电容器、漆膜电容器或钽电解电容器。对于高压电路，应选用高压瓷介电容器或其他类型的高压电容器。对于调谐电路，应选用可变电容器及微调电容器。

2. 电容器耐压的选择

电容器的额定电压应高于其实际工作电压的 1 倍，对于工作环境温度较高或稳定性较差的电路，选用电容器的额定电压应考虑降额使用，留有更大的余量才好。但在选用电解电容时是例外，它要求电容的额定电压应高于其实际工作电压的 0.5～0.7 倍。在选择电容时要合理确定电容器的电容量及允许偏差。在低频的耦合及去耦电路中，一般对电容器的电容量要求不太严格，只要按计算值选取稍大一些的电容量便可以了。在定时电路、振荡回路及音调控制等电路中，对电容器的电容量要求较为严格，因此选取电容量的标称值应尽量与计算的电容值相一致或尽量接近，应尽量选精度高的电容器。在一些特殊的电路中，往往对电容器的电容量要求非常精确，此时应选用允许偏差在 $\pm 0.1\%\sim\pm 0.5\%$ 范围内的高精度电容器。

3. 应根据电容器工作环境选择电容器

电容器的性能参数与使用环境的条件密切相关，因此在选用电容器时应注意：

（1）高温条件下使用的电容器应选用工作温度高的电容器。

（2）在潮湿环境中工作的电路，应选用抗湿性好的密封电容器。

（3）在低温条件下使用的电容器，应选用耐寒的电容器，这对电解电容器来说尤为重要，因为普通的电解电容器在低温条件下会使电解液结冰而失效。

2.2.6　电容器的检测

1. 固定电容器的检测

（1）检测 10pF 以下的小电容。因 10pF 以下的固定电容器容量太小，用万用表进行测量，只能定性地检查其是否有漏电、内部短路或击穿现象。测量时，可选用万用表 $R\times 10k$ 挡，用两表笔分别任意接电容的两个引脚，阻值应为无穷大。若测出阻值（指针向右摆动）为零，则说明电容漏电损坏或内部击穿。

（2）检测 10pF～0.01μF 固定电容器是否有充电现象，进而判断其好坏。万用表选用 $R\times 1k$ 挡。两只三极管的 β 值均为 100 以上，且穿透电流要小。可选用 3DG6 等型号硅三极管组成复合管。万用表的红表笔和黑表笔分别与复合管的发射极 e 和集电极 c 相接。由于复合三极管的放大作用，把被测电容的充放电过程予以放大，使万用表指针摆幅度加大，从而便于观察。

应注意的是：在测试操作时，特别是在测较小容量的电容时，要反复调换被测电容引脚接触 A、B 两点，才能明显地看到万用表指针的摆动。

（3）对于 0.01μF 以上的固定电容，可用万用表的 $R\times 10k$ 挡直接测试电容器有无充电过程以及有无内部短路或漏电，并可根据指针向右摆动的幅度大小估计出电容器的容量。

2. 电解电容器的检测

因为电解电容的容量较一般固定电容大得多，所以测量时，应针对不同容量选用合适的量程。根据经验，一般情况下，1～47μF 的电容可用 $R\times 1k$ 挡测量，大于 47μF 的电容可用 $R\times 100$ 挡测量。

　　将万用表红表笔接负极，黑表笔接正极，在刚接触的瞬间，万用表指针即向右偏转较大偏度（对于同一电阻挡，容量越大，摆幅越大），接着逐渐向左回转，直到停在某一位置。此时的阻值便是电解电容的正向漏电阻，此值略大于反向漏电阻。实际使用经验表明，电解电容的漏电阻一般应在几百千欧以上，否则将不能正常工作。在测试中，若正向、反向均无充电的现象，即表针不动，则说明容量消失或内部断路；如果所测阻值很小或为零，说明电容漏电大或已击穿损坏，不能再使用。

　　对于正、负极标志不明的电解电容器，可利用上述测量漏电阻的方法加以判别。即先任意测一下漏电阻，记住其大小，然后交换表笔再测出一个阻值。两次测量中阻值大的那一次便是正向接法，即黑表笔接的是正极，红表笔接的是负极。使用万用表电阻挡，采用给电解电容进行正、反向充电的方法，根据指针向右摆动幅度的大小，可估测出电解电容的容量。

　　3. 可变电容器的检测

　　用手轻轻旋动转轴，应感觉十分平滑，不应感觉有时松有时紧，甚至有卡滞现象。将转轴向前、后、上、下、左、右等各个方向推动时，转轴不应有松动的现象。用一只手旋动转轴，另一只手轻摸动片组的外缘，不应感觉有任何松脱现象。转轴与动片之间接触不良的可变电容器，是不能再继续使用的。

　　将万用表置于 $R \times 10k$ 挡，一只手将两个表笔分别接可变电容器的动片和定片的引出端，另一只手将转轴缓缓旋动几个来回，万用表指针都应在无穷大位置不动。在旋动转轴的过程中，如果指针有时指向零，说明动片和定片之间存在短路点；如果碰到某一角度，万用表读数不为无穷大而是出现一定阻值，说明可变电容器动片与定片之间存在漏电现象。

2.2.7　电容器的常见故障

当发现电容器的下列情况之一时，应立即切断电源：

（1）电容器外壳膨胀。

（2）套管破裂，发生电火花。

（3）电容器内部声音异常。

（4）外壳温升高于 55℃ 以上，示温片脱落。

2.3　电　感　器

2.3.1　电感器的定义、功能及分类

　　电感器又称电感线圈、电抗器、扼流器。将绝缘导线在绝缘支架上绕制一定的匝数（圈数）就构成了电感器。根据绕制的支架不同，电感器可分为空心电感（无支架）、磁心电感器（磁性材料支架）和铁心电感器（硅钢片支架）。电感器是一种储能元件，它把电能转变为磁场能，并在磁场中储存能量。电感的符号为 L，基本单位是 H，也可用 mH、μH 表示，换算关系为 $1H = 10^3 mH$、$1mH = 10^3 \mu H$。

　　电感器在电路中的作用主要是振荡、耦合、选频、滤波和延迟等。

　　电感器的种类很多，按导磁体性质分类有空心线圈、铁氧体线圈、铁心线圈、铜心线圈；按工作性质分类有天线线圈、振荡线圈、扼流线圈、陷波线圈、偏转线圈；按绕线结构分类有单层线圈、多层线圈、蜂房式线圈；按电感形式分类有固定电感线圈、可变电感线圈。

2.3.2　电感器的主要性能参数

电感器的主要参数有标称电感量、品质因数、额定电流、偏差、分布电容和稳定性等。

1. 标称电感量

电感量是线圈本身固有特性，当电感器通过电流时就会产生磁场。电流越大，产生的磁场越强，穿过电器的磁场（又称为磁通量）就越大。实验证明，通过电感器的磁通量和通入的电流成正比关系。磁通量与电流的比值称为自感系数，又称电感量 L，即 $L = \Phi/I$。电感器的电感量大小主要与线圈的匝数（圈数）、绕制方式和磁心材料等有关。线圈匝数越多、绕制的线圈越密集，电感量就越大。有磁心的电感器比无磁心的电感量大，电感器的磁心磁导率越高，电感量也就越大。

2. 品质因数

品质因数也称 Q 值，是衡量电感器质量的主要参数。电感器对交流信号的阻碍称为感抗，其单位为 Ω。品质因数是指在电感器两端，施加某一频率的交流电压时，感抗与直流电阻的比值。感抗越大或者是电路电阻越小，品质因数就越大。电感器的感抗大小与电感量有关，电感量越大，感抗越大。

提高品质因数既通过提高电感器的电感量来实现，也可通过减小电感器线圈的直流电阻来实现。如粗线圈绕制而成的电感器，直流电阻较小，其 Q 值高，有磁心的电感器较空心电感器的电感量大，其 Q 值也高。

3. 额定电流

额定电流是指电感器在正常工作时允许通过的最大电流值。电感器在使用时，流过的电流不能超过额定电流，否则电感器就会因发热而使性能参数发生改变，甚至会因过电流而烧坏。

4. 偏差

偏差是指电感器上标称电感量与实际电感量的差距。对于精度要求高的电路，电感器的允许偏差范围通常为 $\pm 0.2\% \sim \pm 0.5\%$，一般的电路可采用偏差为 $\pm 10\% \sim \pm 15\%$ 的电感器。

5. 分布电容

电感线圈之间、线圈与底座之间均存在分布电容，由于分布电容的存在，电感的工作频率受到限制，并使电感线圈的 Q 值下降。

6. 稳定性

电感器的稳定性是指其电感量随温度、湿度等变化的程度。

2.3.3　电感器的型号命名方法

电感器的型号命名由 3 部分组成：第 1 部分用字母表示主称，为电感线圈；第 2 部分用字母与数字混合或数字来表示电感量；第三部分用字母表示偏差范围。

2.3.4　电感器的选用

在选用电感器时，要注意以下几点：

（1）选用电感器的电感量必须与电路要求一致，额定电流选大些，不会影响电路。

（2）选用电感器的工作频率要适合电路。低频电路一般选用硅钢片铁心或铁氧体磁心的电感器，而高频电路一般选用高频铁氧体磁心或空心的电感器。

（3）对于不同的电路，应该选用相应性能电感器，在检修电路时，如果遇到损坏的电感器，并且该电感器功能比较特殊，通常需要用同型号的电感器更换。

（4）在更换电感器时，不能随意改变电感器的线圈匝数、间距和形状等，以免电感器的电感量发生变化。

（5）对于可调电感器，为了让它在电路中达到较好的效果，可将电感器接在电路中进行调节。调节时可借助专门的仪器，也可以根据实际情况调节。

（6）对于色环电感器或小型固定电感器，当电感量相同、额定电流相同时，一般可以相互替换。

（7）对于有屏蔽罩的电感器，在使用时，需要将屏蔽罩与电路地连接，以提高电感器的抗干扰性。

2.3.5 电感器的检测

电感器的电感量和 Q 值一般通过专门的电感测量仪和 Q 表来测量，一些功能齐全的万用表也具有电感量的测量功能。电感器常见的故障有开路和线圈匝间短路。

电感器实际上就是线圈。由于线圈的电阻一般比较小，测量时一般用万用表的 $R\times$ 挡。线径粗、匝数少的电感器电阻小，接近于 0；线径细、匝数多的电感器电阻值较大。在测量电感器时，万用表可以很容易检测出电感是否开路（开路时测出的电阻为无穷大），但很难判断它是否匝间短路，因为电感器匝间短路时，电阻减小很少。解决方法是：当怀疑电感器匝间有短路，万用表又无法检测出来时，可更换新的同型号电感器，故障排除说明原电感器已经损坏。

第3章 电路基础实验

3.1 实验一 电路元件伏安特性的测绘及直流电路的测量

一、实验目的

1. 学会识别常用电路元件的方法。

2. 掌握线性电阻、非线性电阻元件伏安特性的逐点测试法。

3. 认识并掌握 KHDL-1 型电路原理实验箱的正确使用方法，以及掌握数字式万用表的基本原理和使用方法。

4. 学会测量直流电流方法。

二、实验仪器及设备

实验仪器及设备见表 3-1-1。

表 3-1-1　　　　　　　　　　　实 验 仪 器 及 设 备

序号	名　　　　称	数量
1	电路原理实验箱 KHDL-1	1
2	交直流可调直流稳压电源（实验箱）	1
3	数字万用表	1
4	数字式毫安表（实验箱）	1

三、实验预习要求

1. 复习非线性元件特性。

2. 阅读第 5 章万用表使用说明，学会使用万用表测量电阻的方法。

3. 熟悉支路、节点、回路及网孔的概念，并能正确判断及分析。

4. 明确电压和电流的实际方向、参考方向、关联参考方向及非关联参考方向的关系。

5. 阅读实验教程，了解实验目的、实验仪器及设备、实验原理、实验内容和步骤，完成实验 3-1 考核表中的预习思考题。

四、实验原理

1. 任何一个二端元件的特性可用该元件上的端电压 U 与通过该元件的电流 I 之间的函数关系 $I = f(U)$ 来表示，即用 I-U 平面上的一条曲线来表示，这条曲线称为该元件的伏安特性曲线。

2. 线性电阻器的伏安特性曲线是一条通过坐标原点的直线，如图 3-1-1 中的 a 直线，该直线斜率等于该电阻器的电阻值。

3. 一般的半导体二极管是一个非线性电阻元件，其特性如图 3-1-1 中的 b 曲线。其正向压降很小（一般的锗管约

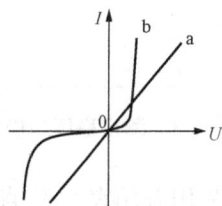

图 3-1-1　伏安特性曲线

为 0.2～0.3V，硅管约为 0.5～0.7V)，正向电流随正向压降的升高而急骤上升，而反向电压从零一直增加到十至几十伏时，其反向电流增加很小，粗略地可视为零。可见，二极管具有单向导电性，但反向电压加得过高，超过管子的极限值，则会导致管子击穿损坏。

4. 稳压二极管是一种特殊的半导体二极管，其正向特性与普通二极管类似，但其反向特性较特别，在反向电压开始增加时，其反向电流几乎为零，但当电压增加到某一数值时（称为管子的稳压值）电流将突然增加，以后它的端电压将维持恒定，不再随外加的反向电压升高而增大。

五、实验内容和步骤

（一）测定线性电阻器的伏安特性

按图 3-1-2 接线，调节稳压电源的输出电压 U，从 0 开始缓慢增加，一直到 10V，记下相应的电压表和电流表的读数，填入实验 3-1 考核表中。

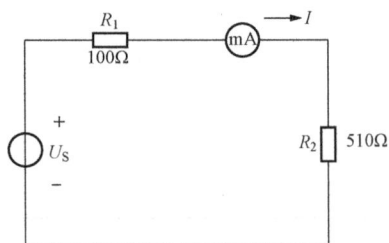

然后关闭电源拆掉线路，用万用表电阻挡测量电阻 R_1 和 R_2 的实际值，填入实验 3-1 考核表中。

（二）测定二极管的伏安特性

1. 正向特性实验

首先用数字万用表判断二极管 D 的极性，然后按图 3-1-3 接线，测二极管的正向特性时，其正向电流不得超过 25mA。实验时，限流电阻 R 取 510Ω，测二极管的正向特性时，稳压电源的输出电压从 0 缓慢调到 3V，使二极管 D 的正向压降可在 0～0.8V 取值。特别是在 0.5～0.8V 之间更应多取几个测量点，正向特性实验数据填入实验 3-1 考核表中。用万用表电阻挡测 R 电阻。

2. 反向特性实验

只需将图 3-1-3 中的二极管 D 反接，且其反向电压可加到 15V。反向特性实验数据填入实验 3-1 考核表中。

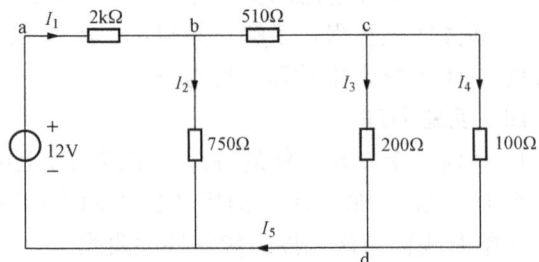

（三）直流电路电压与电流的测量

按图 3-1-4 连接电路，测量各结点间的电压和各支路的电流。

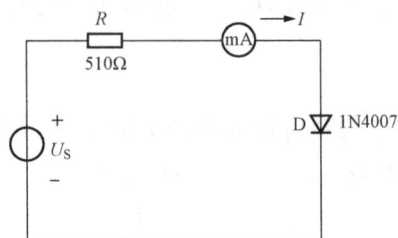

图 3-1-2　测定线性电阻器的伏安特性

图 3-1-3　测定稳压二极管的伏安特性　　　　图 3-1-4　直流电路电压与电流的测量

首先用万用表 20V 直流挡测量稳压源的电压 U_{ad}，调整电压输出，使得 $U_{ad}=12V$。

然后用万用表测量其他各结点间的电压，并利用实验箱内的数字式毫安表分别测量各支路的电流，并将数据填入实验 3-1 考核表中。

测量电压时，注意万用表的红、黑表笔的接法。按照要测得两点电压的顺序记录，如测量 U_{ad} 的电压，红表笔一定置于 a 点，黑表笔置于 d 点；如测量 U_{da} 的电压，则红表笔一定置于 d 点，黑表笔置于 a 点。具体的数值是正是负，无需理会，直接填入实验 3-1 考核表中。

（四）电阻的测量

（1）用万用表电阻挡在实验箱中分别测量两个电阻的数值，观察结果是否与标称值相符。

（2）测量电路中的电阻时，不可带电测量，一定要将电路中的电源拆下（不可只关闭电源开关而不拆线）。测量普通电阻，万用表不分正、负极，结果一致。将测量的数据填入实验 3-1 考核表中。

六、实验注意事项

1. 测量时注意实际的电流与电压方向，应注意仪表的极性及表中数据的正、负号。

2. 注意仪表量程及时更换。

3. 换接线路时，要先关闭电源。

4. 在测量电阻时，不要在带电情况下测量电阻，在测量时，不要双手接触表笔的金属部分。

5. 在测量电流时，应用实验箱中的数字式毫安表，而不用万用表中的测量电流的挡位，应注意实际电路中的断开点，应将元件一端的所有接线断开后与电流表一端相接，电流表另一端再接回到元件，即电流表串联在线路中，这样才能测出流出该元件的电流。同时应注意，实验箱中只有一个毫安表测量电流，所以，每测量完一个支路的电流后，应将连接电流表的导线从电路中拆下，并用导线将原来连接电流表的位置连接，确保电路的闭合。将拆下的毫安表串联接到下一个要测量的支路处，注意量程的选择及正、负极的连接。

七、实验思考题

1. 根据实验结果，绘出电阻、二极管的伏安特性，归纳各元件的特性。

2. 线性电阻与非线性电阻的概念是什么？

3. 稳压二极管与普通二极管有何区别？其用途如何？

4. 在电阻的测量中，画出其等效电路，并计算。

八、实验报告要求

1. 叙述电路元件伏安特性的测绘及直流电路的测量实验目的、实验仪器及设备、实验原理、实验内容和步骤（实验报告）。

2. 整理考核表中的实验数据，完成实验总结。

3. 将实验报告与考核表装订起来上交指导教师。

3.2　实验二　叠加定理及基尔霍夫定律实验

一、实验目的

1. 验证线性电路中的叠加定理，从而加深对叠加定理和齐次性的认识和理解。

2. 加深对基尔霍夫电压与电流定律的理解。

3. 加深对电流和电压参考方向的理解。

二、实验仪器及设备

实验仪器及设备见表 3 - 2 - 1。

表 3 - 2 - 1   **实 验 仪 器 及 设 备**

序号	名　　　称	数量
1	电路原理实验箱 KHDL-1	1
2	交直流可调直流稳压电源（实验箱）	1
3	数字万用表	1

三、实验预习要求

1. 复习叠加定理、基尔霍夫电压定律（KVL 定理）及基尔霍夫电流定律（KCL 定理）。

2. 根据给定的图 3 - 2 - 4 的电路参数，以及电流、电压参考方向，分别计算两电源共同作用和两电源单独作用时各支路的电流、电压（注意正负）。

3. 实验中，当电源单独作用时，应如何操作？可否将不作用的电源短接？

4. 阅读实验教程，了解实验目的、实验仪器及设备、实验原理、实验内容和步骤，完成实验 3 - 2 考核表中的预习思考题。

四、实验原理

1. 叠加定理

叠加定理是指在线性电路中，当有几个电源同时作用时，任一支路中的电流或电压等于电路中各个电源单独作用时分别在该支路内产生的电流或电压的代数和。在应用叠加定理时应保持电路结构不变。

如图 3 - 2 - 1 所示电路中，用叠加定理计算电路中的电流 i。

图 3 - 2 - 2 中，9V 电压源单独作用引起响应分量，$i_1 = 9/(4+5) = 1(\text{A})$。

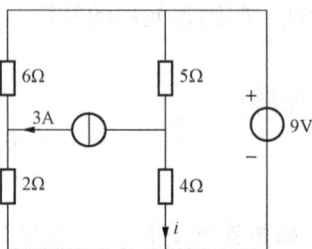

图 3 - 2 - 1　双激励回路

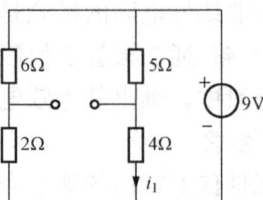

图 3 - 2 - 2　电压源单独作用

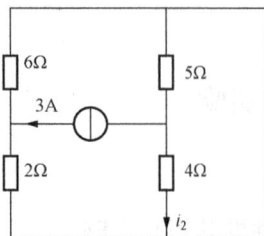

图 3 - 2 - 3　电流源单独作用

图 3 - 2 - 3 中，3A 电流源单独作用引起响应分量，$i_2 = -5 \times 3/(4+5) = -1.67(\text{A})$。

由叠加定理可得：$i = i_1 + i_2 = 1 + (-1.67) = -0.67(\text{A})$。

使用叠加定理时应注意以下几点：

（1）叠加定理适用于线性电路，不适用于非线性电路。

（2）在叠加的各分电路中，不作用的电压源置零，在电压源处用短路代替；不作用的电流源置零，在电流源处用开路代替。电路中所有电阻不变，受控源则保留在各分电路中。

（3）叠加时各分电路中的电压和电流的参考方向可以取为与原电路中的相同。取和时，应注意各分量前的＋、－号。

（4）原电路的功率不等于按各分电路计算所得功率的叠加，这是因为功率是电压和电流的乘积。

2．线性电路的齐次性

线性电路的齐次性是指当激励信号（某独立源的值）增加或减小 K 倍时，电路的响应（即在电路其他各电阻元件上所建立的电流和电压值）也将增加或减小 K 倍。

3．基尔霍夫电压定律（简称 KVL）

KVL 内容是：任何时刻，电路中的任一闭合回路内所有元件电压的代数和恒等于零。或者说任一回路内电阻上电压的代数和等于电压源电压的代数和。

用表达式表示： $\sum U = 0$ 或 $\sum IR = \sum U_s$。 （3.2.1）

式（3.2.1）取和时，需要任意指定一个回路的绕行方向，凡是支路电压参考方向与回路的绕行方向一致时，该电压前面取"＋"号；支路电压参考方向与回路绕行方向相反时，前面取"－"号。

KVL 对由任何性质的元件所构成的网络都适用，但定律不表示功率守恒关系。

4．基尔霍夫电流定律（简称 KCL）

KCL 内容是：在任一时刻流入节点的电流之和等于流出节点的电流之和。

用表达式表示： $I_i = I$。 （3.2.2）

KCL 在支路电流之间施加线性约束关系；KVL 则对支路电压施加线性约束关系。这两个定律仅与元件的相互连接有关，而与元件的性质无关。不论元件是线性的还是非线性的，时变的还是时不变的，KCL 和 KVL 总是成立的。

对一个电路应用 KCL 和 KVL 时，应对各节点和支路编号，并指定有关回路的绕行方向，同时指定各支路电流和支路电压的参考方向，一般两者取关联参考方向。

五、实验内容和步骤

1．叠加定理的验证

（1）按图 3‑2‑4 连好线路，电路中 $R_1 = 510\Omega$、$R_2 = 510\Omega$、$R_3 = 1k\Omega$。E_1 为可调直流稳压电源，调至 $E_1 = 24V$；E_2 为可调直流稳压电源，调至 $E_2 = 6V$。实验前先任意设定三条支路的电流参考方向，如图中的 I_1、I_2、I_3，并熟悉线路结构。

（2）E_1 单独作用（将开关 S1 投向 E_1 侧，开关 S2 投向短路侧），读出并记录 I_1、I_2、I_3 值，用电压表分别测出各电阻元件两端电压值。测量并记录数据，填入实验 3‑2 考核表中。

（3）E_2 单独作用（将开关 S1 投向短路侧，开关 S2 投向 E_2 侧），重复步骤（2）的测量并记录数据，填入实验 3‑2 考核表中。

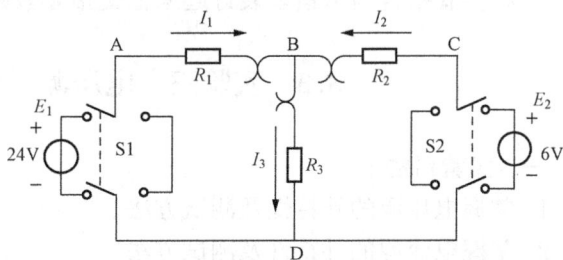

图 3‑2‑4　叠加定理、基尔霍夫电压/电流定律实验图

（4）E_1、E_2 同时作用（将开关 S1 投向 E_1 侧，开关 S2 投向 E_2 侧），重复步骤（2）的测量并记录数据，填入实验 3‑2 考核表中。

2. 基尔霍夫电流定律的验证

利用实验箱中的数字式毫安表，测量图 3-2-4 中的三个支路电流。为减少读数误差，在知道被测量值的大概范围时，应选择量程尽可能小的电流表。在未知电流的数值范围时，应先串入 200mA 量程测量，然后再根据示数换到 20mA 或 2mA 量程。在测量过程中应注意电流的参考方向与电流表的正负极，读出的测量值应带有符号，填入实验 3-2 考核表中。

3. 基尔霍夫电压定律的验证

(1) 按图 3-2-4 连好线路，将两路稳压电源（一路为 ±12V 直流稳压电源，另一路为 0～30V 可调直流稳压电源）接入电路。令 $E_1 = 12V$、$E_2 = 6V$。

(2) 用万用表测电阻和电源两端电压，测出 U_{AB}、U_{BC}、U_{CD}、U_{DA} 值，填入实验 3-2 考核表中。测量时注意回路的绕向，每个元件上电压的参考方向及测量时的仪表实际方向，综合以上内容才能正确填写电压数值前的正负号。注意万用表的量程。

(3) 选择 ABCDA 回路，验证 $\sum U = U_{AB} + U_{BC} + U_{CD} + U_{DA} = 0$。

注：直流电源的内阻与电路中的电阻比较，阻值要小得多，故将稳压电源内阻忽略不计。

六、实验注意事项

1. 测量时注意实际的电流与电压方向，应注意仪表的极性及表中数据的正、负号。

2. 注意仪表量程及时更换。

3. 在测量电流时，应注意实际电路中的断开点，应将元件一端的所有接线断开后与电流表一端相接，电流表另一端再接回到元件，即电流表串联在线路中，这样才能测出流出该元件的电流。

七、实验思考题

1. 根据测量结果，分析误差产生的原因及减少误差的方法。

2. 根据表中数据，判断是否符合叠加定理？是否符合基尔霍夫定律？如何判断数据是否正确？

3. 根据测量数据，分析电阻上的功率是否符合叠加定理？

八、实验报告要求

1. 叙述叠加定理及基尔霍夫定律实验目的、实验仪器及设备、实验原理、实验内容和步骤（实验报告）。

2. 整理考核表中的实验数据，完成实验总结。

3. 将实验报告与考核表装订起来上交指导教师。

3.3 实验三 电压源与电流源的等效变换

一、实验目的

1. 掌握电压源的外特性及测试方法。

2. 掌握电流源的外特性及测试方法。

3. 验证实际电压源和实际电流源的等效互换。

二、实验仪器及设备

实验仪器及设备见表 3-3-1。

序号	名　　称	数量
	表 3-3-1 　　　　　　　　　　　**实 验 仪 器 及 设 备**	
1	电路原理实验箱 KHDL-1	1
2	可调直流稳压电源（实验箱）	1
3	可调直流恒流源（实验箱）	1
4	数字式毫安表（实验箱）	1
5	数字式万用表	1

三、实验预习要求

1. 复习有关电源等效变换的理论知识。

2. 阅读实验教程，了解实验目的、实验仪器及设备、实验原理、实验内容和步骤，完成实验 3-3 考核表中的预习思考题。

四、实验原理

通常所说的电源包括电压源和电流源。

一个直流稳压电源在一定的范围内，具有很小的电阻，故常将它视为一个理想的电压源。常见的干电池、蓄电池及电网电压等，也都可以近似地看成理想电压源。理想电压源有两个特点：

（1）输出端电压不随负载变化而变化，其伏安特性是一条平行于 I 轴的直线。

（2）通过它的电流由外电路决定。

恒流源可以产生一个恒定电流提供给外电路，在一定的范围内，将它视为一个理想的电流源。恒流源有两个特点：①输出电流恒定，或是一定的时间函数；②电流源端电压由外电路决定。

一个具有一定内阻的电源，可以用电压源形式来表示，也可以用电流源形式表示。

若用电压源形式表示，则可用一个理想的电压源与一个电阻串联的组合表示，如图 3-3-1（a）所示。若用电流源形式表示，则可用一个理想的电流源与一个电阻并联的组合表示。如图 3-3-1（b）所示。在保证其外特性不变的情况下，二者可以等效互换，条件为：$U_S = I_S R_o$，$R_i = R_o$；$I_S = U_S / R_i$，$R_o = R_i$。

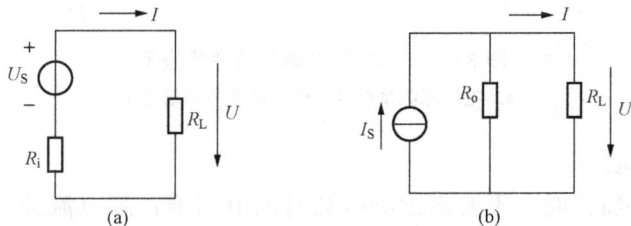

图 3-3-1　电压源与电流源电路模型
（a）电压源电路模型；（b）电流源电路模型

五、实验内容和步骤

1. 测定直流稳压电源与电压源的外特性

（1）按图 3-3-2 接线，U_S 为 6V 直流稳压电源，调节 R_2 令其阻值由大至小变化，读取两表的读数，填入实验 3-3 考核表中。

（2）按图 3-3-3 接线，虚线框可模拟为一个实际的电压源，调节 R_2 令其值由大至小变化，读取两表的读数，填入实验 3-3 考核表中。

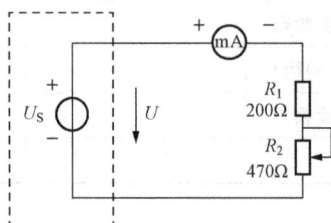

图 3-3-2　直流稳压电源外特性

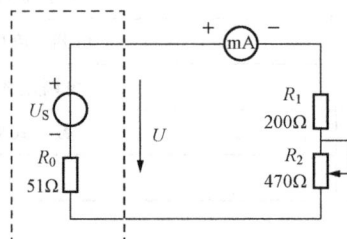

图 3-3-3　电压源的外特性

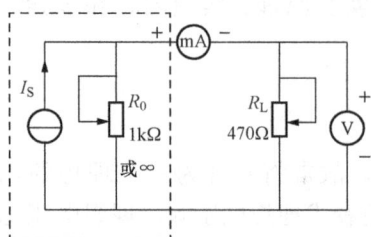

图 3-3-4　电流源的外特性

2. 测定电流源的外特性

按图 3-3-4 接线，I_S 为直流恒流源，调节其输出为 5mA，令 R_0 分别为 1kΩ 和∞，调节电位器 R_L（从 0～470Ω），测出这种情况下的电压表和电流表的读数。记录两表的读数，填入实验 3-3 考核表中。

3. 测定电源等效变换的条件

按图 3-3-5 线路接线，首先读取 3-3-5（a）线路两表的读数，然后调节 3-3-5（b）线路中恒流源 I_S，（取 $R_0' = R_0$），令两表的读数与 3-3-5（a）时的数值相等。记录 I_S 值，验证等效变换条件的正确性。

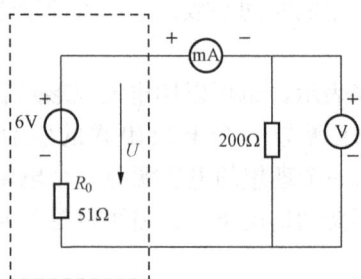

(a)

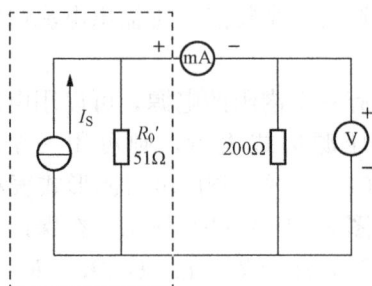

(b)

图 3-3-5　实际电源等效变换模型
（a）电压源测量电路；（b）电流源测量电路

六、实验注意事项

1. 在测电压源外特性时，不要忘记测空载时的电压值；测电流源外特性时，不要忘记测短路时的电流值。恒流源负载电压不可超过 20V，负载更不可开路。

2. 换接线路时，必须关闭电源开关。

3. 直流仪表的接入应注意极性与量程。

七、实验思考题

1. 直流稳压电源的输出端为什么不允许短路？直流恒流源的输出端为什么不允许开路？

2. 根据实验数据绘出电源的外特性，并总结、归纳各类电源的特性。

3. 电压源与电流源的外特性为什么呈下降变化趋势？稳压源和恒流源的输出在任何负载下是否保持恒值？

4. 从实验结果，验证电源等效变换的条件。

八、实验报告要求

1. 叙述电压源与电流源的等效变换实验目的、实验仪器及设备、实验原理、实验内容和步骤（实验报告）。

2. 整理考核表中的实验数据，完成实验总结。

3. 将实验报告与考核表装订起来上交指导教师。

3.4　实验四　戴维南定理—有源二端网络等效参数的测定

一、实验目的

1. 验证戴维南定理，加深对该定理的理解。

2. 学会有源两端网络开路电压和输入端电阻的测定方法。

二、实验仪器及设备

实验仪器及设备见表 3 - 4 - 1。

表 3 - 4 - 1　　　　　　　　　　　　**实验仪器及设备**

序号	名　　称	数量
1	电路原理实验箱 KHDL-1	1
2	交直流可调直流稳压电源（实验箱）	1
3	可调直流恒流源（实验箱）	1
4	数字万用表	1

三、实验预习要求

1. 阅读实验原理，掌握开路电压和等效电阻（输入端电阻）的测量方法。

2. 复习戴维南定理的有关内容。

3. 复习有关二端网络参数及其意义。

4. 阅读实验教程，了解实验目的、实验仪器及设备、实验原理、实验内容和步骤，完成实验 3 - 4 考核表中的预习思考题。

四、实验原理

1. 戴维南定理

对于复杂电路，欲求某一支路电流时，则可将电路的其余部分看作是一个有源二端网络（或称为含源一端口网络）。可将该有源二端网络转化为一等效电压源和一等效内阻串联形式。所谓的等效，是指有源二端网络用等效电路替代后对负载没有影响，即外电路中的电流和电压仍保持替代前的数值。

戴维南定理指出：任何一个线性有源网络，总可以用一个等效电压源与电阻串联的电路模型来代替。此电压源的电压等于这个有源二端网络的开路电压 U_{oc}，其等效内阻 R_o 等于该网络中所有独立源均置零（理想电压源视为短接，理想电流源视为开路）时的等效电阻。

U_{oc}、R_o 称为有源二端网络的等效参数。如图 3-4-1 所示是戴维南定理示意图。

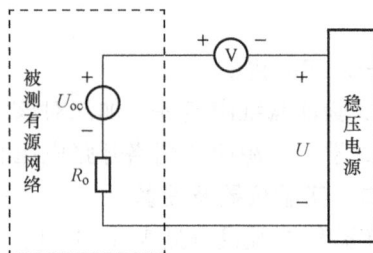

应用戴维南定理时只适用于线性二端网络,可以包含独立电源或受控电源,但是与外部电路之间除直接相联系外,不允许存在任何耦合,例如通过受控电源的耦合或者磁的耦合(互感耦合)等。外部电路可以是线性、非线性或时变元件,也可以是由它们组成的网络。

2. 有源二端网络等效参数的测量方法

(1)等效电压源 U_{oc} 的测量。

直接测量法:在测量精度要求不太高的情况下,可以忽略电压表内阻的影响,直接测出开路电压 U_{oc}。

零示法:在测量具有高内阻有源二端网络的开路电压时,用电压表进行直接测量会造成较大的误差,为了消除电压表内阻的影响,往往采用零示法,如图 3-4-2 所示。

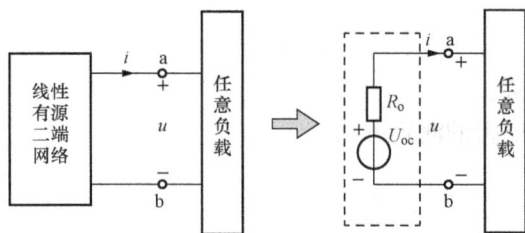

图 3-4-1 戴维南定理示意图　　图 3-4-2 零示法测量 U_{oc}

零示法测量原理是用一低内阻的稳压电源与被测有源二端网络进行比较,当稳压电源的输出电压与有源二端网络的开路电压相等时,电压表的读数将为"0",然后将电路断开,测量此时稳压电源的输出电压,即为被测有源二端网络的开路电压。

(2)等效内阻 R_o 的测量。

直接测量法:将有源二端网络中所有电压源短路(去掉电压源,再用短路线代替),电流源断路,用欧姆表直接测量二端网络输出端电阻,即为 R_o。对于本实验将 U_S 去掉,用导线连接该支路,测出开路两点间电阻值即为 R_o。

短路电流法:先测量有源二端网络的开路电压 U_{oc},再测量短路电流 I_{sc}(在有源二端网络允许短路的情况下),然后根据式 $R_o = U_{oc}/I_{sc}$,计算出等效电阻值。

入端电阻法:将有源二端网络变成无源二端网络,在网络输出端加一电压 U_S,测出端口电流 I,则电阻为 $R_o = U_s/I$。

伏安法:如果线性网络不允许 a、b 端之间开路或短路,可以用电压表、电流表测出有源二端网络的外特性,如图 3-4-3 所示。根据外特性曲线求出斜率 $\tan\varphi$,则内阻 $R_o = \tan\varphi = \Delta U/\Delta I$。即在被测网络端口接一个可变电阻 R_L,改变 R_L 值两次,分别测量 R_L 两端的电压 U 和流过 R_L 的电流 I 后,则可列出方程组

$$\begin{cases} U_{oc} - R_o I_1 = U_1 \\ U_{oc} - R_o I_2 = U_2 \end{cases} \tag{3.4.1}$$

求解方程组得到

$$\begin{cases} U_{oc} = \dfrac{U_1 I_2 - U_2 I_1}{I_2 - I_1} \\ R_o = \dfrac{U_1 - U_2}{I_2 - I_1} \end{cases} \tag{3.4.2}$$

半电压法：如图 3-4-4 所示，先用万用表测出有源二端线性网络的开路电压 U_{oc}，然后在其两端接一个可变负载电阻 R_L，调节电阻 R_L 的大小，使负载两端的电压为被测网络的开路电压的一半时，负载电阻即为被测有源二端网络的等效内阻值。

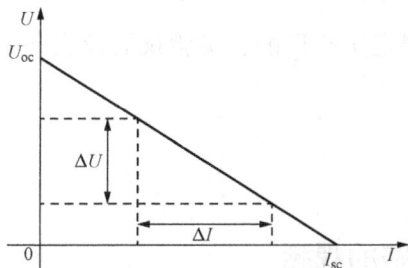

图 3-4-3 伏安法测内阻 R_o

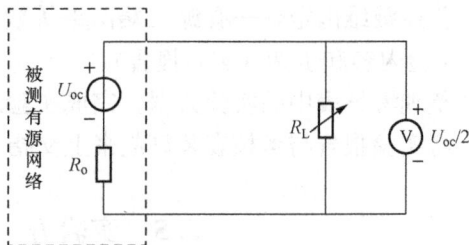

图 3-4-4 半电压法测内阻 R_o

五、实验内容和步骤

1. 测定戴维南定理等效电路的开路电压和等效内阻

按图 3-4-5 所示线路连接，分别测量该电路的 U_{oc}、I_{sc}，根据 $R_o = U_{oc}/I_{sc}$ 计算等效电阻的值。数据填入实验 3-4 考核表中。

2. 负载实验

如图 3-4-5 所示，在 $100\Omega \sim 1k\Omega$ 范围内改变 R_L 值，测量该二端网络的外特性。数据填入实验 3-4 考核表中。

3. 验证戴维南定理实验

用一只 $1k\Omega$ 的电位器（当可变电阻器用），将其阻值调整到按步骤 1 所得的等效电阻 R_o 之值，然后令其与直流稳压电源（调到步骤 1 时所测得的开路电压 U_{oc} 之值）相串联，如图 3-4-6 所示，按步骤 2 测其外特性。数据填入实验 3-4 考核表中。

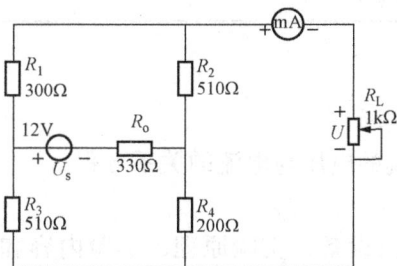

图 3-4-5 戴维南定理实验电路

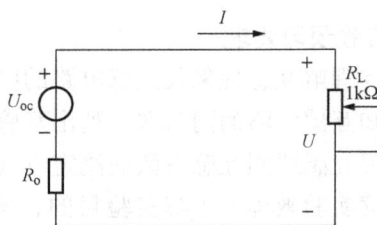

图 3-4-6 验证戴维南定理电路

六、实验注意事项

1. 注意测量时，电流表量程的更换。

2. 用万用表直接测 R_o 时，网络内的独立源必须先置零，以免损坏万用表；其次，万用表须经调零后再进行测量。

3. 改接线路时，要关掉电源。

七、实验思考题

1. 说明测有源二端网络开路电压及等效内阻的几种方法，并比较其优缺点。

2. 根据步骤 2 和 3，分别绘出曲线，验证戴维南定理的正确性，并分析产生误差的原因。

3. 能否直接用万用表欧姆挡测量本实验中的等效电阻？若可以，说明测量条件是什么？

八、实验报告要求

1. 叙述戴维南定理—有源二端网络等效参数的测定实验目的、实验仪器及设备、实验原理、实验内容和步骤（实验报告）。

2. 整理考核表中的实验数据，完成实验总结。

3. 将实验报告与考核表装订起来上交指导教师。

3.5 实验五 互感电路的观测

一、实验目的

1. 观测交流电路中的互感现象。

2. 学会判断两个互感电路的同名端。

3. 学会互感系数和耦合系数的计算。

二、实验仪器及设备

实验仪器及设备见表 3-5-1。

表 3-5-1 实 验 仪 器 及 设 备

序号	名 称	数量
1	电路原理实验箱 KHDL-1	1
2	交直流可调直流稳压电源（实验箱）	1
3	数字万用表	1
4	互感线圈（实验箱）	1

三、实验预习要求

1. 正确理解互感现象及互感电路的同名端的判断。

2. 已知互感电路的同名端，列出互感线圈两端的电压与电流的关系方程。

3. 预习互感线圈互感系数的测定方法。

4. 阅读实验教程，了解实验目的、实验仪器及设备、实验原理、实验内容和步骤，完成实验 3-5 考核表中的预习思考题。

四、实验原理

1. 互感现象

两个具有磁耦合的线圈 A、B，线圈 A 中的电流所产生的磁通也穿过了线圈 B，当线圈 A 中的电流发生变化时，磁通也跟着变化，于是在线圈 B 中就引起了感应电动势，这种现象叫做互感。由于互感现象而产生的电动势叫做互感电动势。互感现象也是一种电磁感应现象，不过引起线圈中互感电动势的磁通是由另外一个线圈中的电流产生的。

2. 自感现象

自感是由于外因导致变化的电流产生的变化磁场，并感生了电动势阻碍自身电流的变化。

自感和互感本质是相同的，都是电磁感应现象。

互感现象在电子和电子技术中应用很广，通过互感，线圈可以使能量或信号由一个线圈很方便地传递到另外一个线圈。利用互感现象可以制成变压器、感应线圈等。

3. 判断互感线圈同名端的方法

(1) 直流法。如图 3-5-1 所示，当开关 S 闭合瞬间，若毫安表的指针正偏，则可判定 "1"、"3" 为同名端；指针反偏，则 "1"、"4" 为同名端。

(2) 交流法。如图 3-5-2 所示，将两个绕组 N_1、N_2 的 2、4 两端连在一起，在其中的一个绕组两端加一个低电压，另一绕组开路，用交流电压表分别测量端电压 U_{13}、U_{12}、U_{34}。若 U_{13} 是两个绕组端电压之差，则 1、3 是同名端；若 U_{13} 是两绕组端电压之和，则 1、4 是同名端。

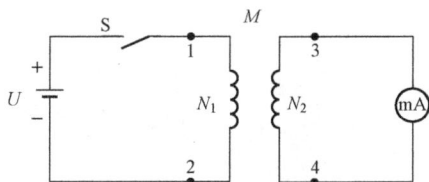
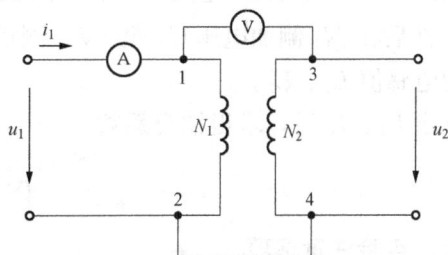

图 3-5-1 直流法   图 3-5-2 交流法

4. 两线圈互感系数 M 的测定

在图 3-5-3 的 N_1 侧施加低压交流电压 U_1，线圈 N_2 开路，测出 I_1 及 U_2。可算得互感系数为 $M=\dfrac{U_2}{\omega I_1}$。

5. 耦合系数 K 的测定

电感（自感）是线圈本身所固有的参量，与两端的电压电流及互感无关，故测两个线圈的电感时，先不考虑互感的问题。耦合系数：$K=\dfrac{M}{\sqrt{L_1 L_2}}$。$K$ 用来

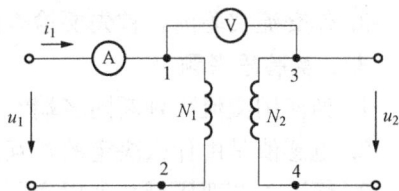

图 3-5-3 互感系数 M 测量电路图

表示两个互感线圈耦合松紧的程度。

五、实验内容和步骤

1. 判定互感线圈的同名端

(1) 直流法。电路如图 3-5-4 所示，变压器一次侧加 2V 直流电压，瞬间闭合电路开关，若毫安表指示正值，则 1、3 为同名端，反之，1、4 为同名端。

(2) 交流法。按图 3-5-5 接线，接通电源前，应首先检查降压选择调至 "0V"，确认后方可接通交流电源，令开关置于 "开" 位置，使压降选择置于 "2V"，使流过电流表的电流小于 1.5A，然后用 0~30V 量程的交流电压表测量 U_{13}、U_{12}、U_{34}，判定同名端。

拆去 2、4 连线，并将 2、3 相接，重复上述步骤，判定同名端。

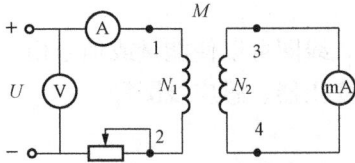
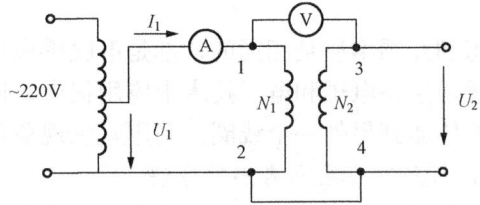

图 3-5-4　直流法　　　　　　　　　　　图 3-5-5　交流法

2. 互感系数的测定

拆除 2、3 连线，测 U_1、U_2、I_1，计算出 M。数据填入实验 3-5 考核表中。

3. 耦合系数的测定

如图 3-5-3 所示，先在线圈 N_1 中加已知频率的正弦交流电 U_1，测量 N_2 开路时的电流 I_1；然后在 N_2 侧加电压 U_2 至 1V，测量 N_1 开路时的电流 I_2，利用公式 $U=\omega LI$，求出各自的电感值 L_1、L_2。

算出 L_1、L_2 后，求得耦合系数

$$K=\frac{M}{\sqrt{L_1 L_2}}$$

六、实验注意事项

1. 为避免互感线圈被烧毁，在互感线圈的二次侧加电压时，不要超过 1V。

2. 电感对低频信号的阻抗较小，对高频电路显示出明显的电感特性，故用低频信号测量电感的值，会有一定的误差，要测得较为准确的电感值，应尽量用较高频率的正弦交流电信号，并变换频率进行多次测量，取平均值。

3. 作交流实验前，首先要检查降压选择是否置于"0V"。

七、实验思考题

1. 如何用交流法判断同名端？为什么要标注同名端？

2. 电感值是由什么决定的？互感值又和什么因素有关？

3. 简述无芯变压器和理想变压器的原理。

4. 互感电压的参考方向如何确定？

八、实验报告要求

1. 叙述互感电路的观测实验目的、实验仪器及设备、实验原理、实验内容和步骤（实验报告）。

2. 整理考核表中的实验数据，完成实验总结。

3. 将实验报告与考核表装订起来上交指导教师。

3.6　实验六　受控源 VCVS、VCCS、CCVS、CCCS 的实验研究

一、实验目的

1. 了解运算放大器组成四种类型受控源的线路原理。

2. 测试受控源转移特性及负载特性。

二、实验仪器及设备

实验仪器及设备见表 3-6-1。

表 3-6-1 **实验仪器及设备**

序号	名　　称	数量
1	电路原理实验箱 KHDL-1	1
2	交直流可调直流稳压电源（实验箱）	1
3	数字万用表	1

三、实验预习要求

1. 独立电源和受控电源的电路组成和区别。

2. 运算放大器属于哪种典型受控电路？

3. 阅读实验教程，了解实验目的、实验仪器及设备、实验原理、实验内容和步骤，完成实验 3-6 考核表中的预习思考题。

四、实验原理

在电路分析实验中经常遇到另一种类型的电源电路，电压源的电压或电流源的电流由电路中其他支路或元件的电流或电压控制，这种电源称为受控电压源或受控电流源，也称非独立电压源或非独立电流源（统称非独立电源）。非独立电源与独立电源不同之处表现为，非独立电源的电压或电流受其他电压或电流的约束，它仅描述了电路中支路或元件电压和电流之间的关系，由于控制量只有电压或电流两种物理量，所以受控电压源有电压控制的电压源（voltage controlled voltage source，VCVS）和电流控制的电压源（current controlled voltage source，CCVS）两种类型，如图 3-6-1（a）、（c）所示。受控电流源也有电压控制的电流源（voltage controlled current source，VCCS）和电流控制的电流源（current controlled current source，CCCS）两种类型，如图 3-6-1（b）、（d）所示。在图 3-6-1 中，α

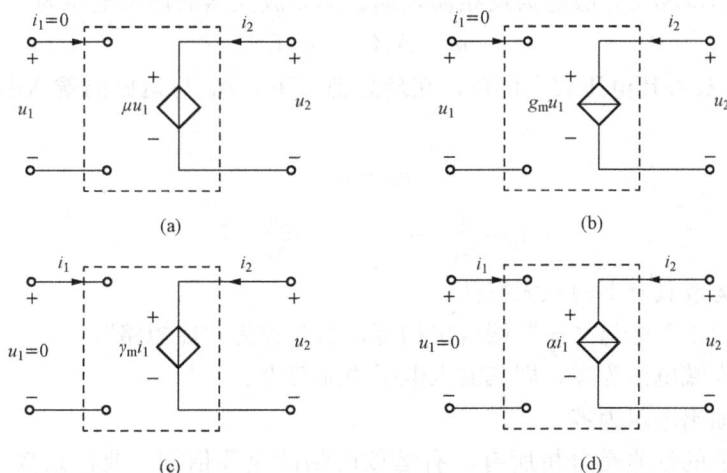

图 3-6-1　受控源电路
(a) VCVS；(b) VCCS；(c) CCVS；(d) CCCS

和 g_m 或 γ_m 和 μ 分别是受控电压源或受控电流源的系数，g_m 的量纲是 S（西门子），γ_m 的量纲是 Ω（欧姆）。当这些系数为常数时，控制量与被控制量之间为线性关系，这种受控源称为线性受控源。

所谓受控源，是指其电源的输出电压或电流是受电路另一支路的电压或电流所控制的。当受控源的电压（或电流）与控制支路的电压（或电流）成正比时，则该受控源为线性。受控源是四端元件，它是电子器件。例如，晶体管、场效应管和运算放大器等电路的电路模型，用来表征电子器件内在特性的元件。在电路基本原理中，随着电子器件的广泛应用，受控源已经和电阻、电容、电感等元件一样，成为电路的基本元件。

受控源对外提供的能量，既非取自于控制量又非由受控源内部产生，而是由电子器件所需的电源供给。因此，受控源实际上是一种能量转换装置，它能够将电源的电能转换成与控制量性质相同的电能。

1. 运算放大器的电路符号及其等效电路

运算放大器（简称运放）的电路符号及其等效电路如图 3-6-2 所示。

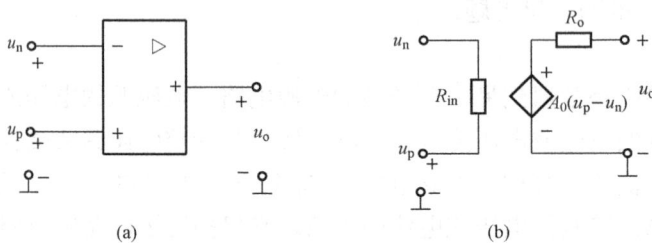

图 3-6-2 运算放大器的电路符号及等效电路
(a) 电路符号；(b) 等效电路

运算放大器是一个有源三端器件，它有两个输入端和一个输出端，若信号从"＋"端输入，则输出信号与输入信号相位相同，故称为同相输入端；若信号从"－"端输入，则输出信号与输入信号相位相反，故称为反相输入端。运算放大器的输出电压为

$$u_o = A_0(u_p - u_n) \tag{3.6.1}$$

其中 A_0 是运放开环电压放大倍数，在理想情况下，A_0 与运放的输入电阻 R_{in} 均为无穷大，因此有

$$u_p = u_n \tag{3.6.2}$$

$$i_p = \frac{u_p}{R_{in}} = 0 \qquad i_n = \frac{u_n}{R_{in}} = 0 \tag{3.6.3}$$

这说明理想运放具有下列三大特征：

(1) 运放的"＋"端与"－"端电位相等，通常称为"虚短路"。

(2) 运放输入端电流为零，即其输入电阻为无穷大。

(3) 运放的输出电阻为零。

以上三个重要的性质是分析所有具有运放网络的重要依据。要使运放工作，还须接有正、负直流工作电源（称双电源），有的运放可用单电源工作。

2. 理想运放的电路模型

理想运放的电路模型是一个受控源——电压控制电压源（即 VCVS），在它的外部接入不同的电路元件，可构成四种基本受控源电路，以实现对输入信号的各种模拟运算或模拟变换。

　　3. 受控源的控制端与受控端的关系（称为转移函数）

　　四种受控源转移函数参量的定义如下：

　　（1）压控电压源（VCVS）

$$U_2 = f(U_1) \qquad \mu = U_2/U_1 \text{ 称为转移电压比（或电压增益）。}$$

　　（2）压控电流源（VCCS）

$$I_2 = f(U_1) \qquad g_m = I_2/U_1 \text{ 称为转移电导。}$$

　　（3）流控电压源（CCVS）

$$U_2 = f(I_1) \qquad \gamma_m = U_2/I_1 \text{ 称为转移电阻。}$$

　　（4）流控电流源（CCCS）

$$I_2 = f(I_1) \qquad \alpha = I_2/I_1 \text{ 称为转移电流比（或电流增益）。}$$

　　4. 用运放构成四种类型基本受控源的电路原理分析

　　（1）压控电压源（VCVS）。由于运放的虚短路特性，有

$$u_p = u_n = u_1 \qquad i_2 = \frac{u_n}{R_2} = \frac{u_1}{R_2} \tag{3.6.4}$$

又因运放内阻为无穷大，有

$$i_1 = i_2 \tag{3.6.5}$$

因此
$$u_2 = i_1 R_1 + i_2 R_2 = i_2(R_1 + R_2) = \frac{u_1}{R_2}(R_1 + R_2) = \left(1 + \frac{R_1}{R_2}\right)u_1 \tag{3.6.6}$$

即运放的输出电压 u_2 只受输入电压 u_1 的控制，与负载 R_L 大小无关，电路模型如图 3 - 6 - 1 （a）所示。

　　转移电压比
$$\mu = \frac{u_2}{u_1} = 1 + \frac{R_1}{R_2} \tag{3.6.7}$$

μ 无量纲，又称为电压放大系数。这里的输入、输出有公共接地点，这种连接方式称为共地连接。

　　（2）压控电流源（VCCS）。压控电压源的 R_1 看成一个负载电阻 R_L，即成为压控电流源 VCCS。

　　此时，运放的输出电流

$$i_L = i_R = \frac{u_n}{R} = \frac{u_1}{R} \tag{3.6.8}$$

　　即运放的输出电流 i_L 只受输入电压 u_1 的控制，与负载 R_L 大小无关，电路模型如图 3 - 6 - 1 （b）所示。

　　转移电导
$$g_m = \frac{i_L}{u_1} = \frac{1}{R}(\text{S}) \tag{3.6.9}$$

　　这里的输入、输出无公共接地点，这种连接方式称为浮地连接。

　　（3）流控电压源（CCVS）。由于运放的"＋"端接地，因此 $u_p = 0$，"－"端电压 u_n 也为零，此时运放的"－"端称为虚地点。显然，流过电阻 R 的电流 i_1 就等于网络的输入电流。

　　此时，运放的输出电压 $u_2 = -i_1 R = -i_S R$，即输出电压 u_2 只受输入电流 i_S 的控制，与

负载 R_L 大小无关，电路模型如图 3-6-1（c）所示。

转移电阻 $$\gamma_m = \frac{u_2}{i_S} = -R(\Omega) \tag{3.6.10}$$

此电路为共地连接。

（4）流控电流源（CCCS）。

$$u_n = -i_2 R_2 = -i_1 R_1 \tag{3.6.11}$$

$$i_L = i_1 + i_S = i_1 + \frac{R_1}{R_2}i_1 = \left(1 + \frac{R_1}{R_2}\right)i_1 = \left(1 + \frac{R_1}{R_2}\right)i_S \tag{3.6.12}$$

即输出电流 i_L 只受输入电流 i_S 的控制，与负载 R_L 大小无关，电路模型如图 3-6-1（d）所示。

转移电流比 $$\alpha = \frac{i_L}{i_S} = 1 + \frac{R_1}{R_2} \tag{3.6.13}$$

α 无量纲，又称为电流放大系数。

此电路为浮地连接。

五、实验内容和步骤

本次实验中受控源全部采用直流电源激励，对于交流电源或其他电源激励，实验结果是一样的。

1. 测量受控源 VCVS 的转移特性 $U_2 = f(U_1)$ 及负载特性 $U_2 = f(I_L)$

实验线路如图 3-6-3 所示，U_1 为可调直流稳压电源，R_L 为可调电阻。

（1）固定 $R_L = 2k\Omega$，调节直流稳压电源输出电压 U_1，使其在 0～6V 范围内取值。测量 U_1 及相应的 U_2 值，绘制 $U_2 = f(U_1)$ 曲线，并由其线性部分求出转移电压比 μ。数据填写在实验 3-6 考核表中。

（2）保持 $U_1 = 2V$，令 R_L 阻值从 $1k\Omega$ 增至 ∞，测量 U_2 及 I_L，绘制 $U_2 = f(I_L)$ 曲线。数据填写在实验 3-6 考核表中。

2. 测量受控源 VCCS 的转移特性 $I_L = f(U_1)$ 及负载特性 $I_L = f(U_2)$

实验线路如图 3-6-4 所示，U_1 为可调直流稳压电源，R_L 为可调电阻。

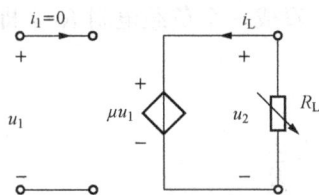

图 3-6-3 VCVS 测量电路   图 3-6-4 VCCS 测量电路

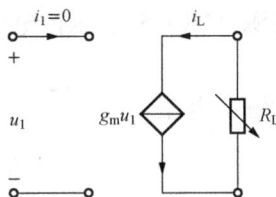

（1）固定 $R_L = 2k\Omega$，调节直流稳压电源输出电压 U_1，使其在 0～5V 范围内取值。测量 U_1 及相应的 I_L，绘制 $I_L = f(U_1)$ 曲线，并由其线性部分求出转移电导 g_m。数据填写在实验 3-6 考核表中。

（2）保持 $U_1 = 2V$，令 R_L 从 0 增至 $5k\Omega$，测量相应的 I_L 及 U_2，绘制 $I_L = f(U_2)$ 曲线。数据填写在实验 3-6 考核表中。

3. 测量受控源 CCVS 的转移特性 $U_2 = f(I_S)$ 及负载特性 $U_2 = f(I_L)$

实验线路如图 3-6-5 所示，I_S 为可调直流恒流源，R_L 为可调电阻。

（1）固定 $R_L=2\text{k}\Omega$，调节直流恒流源输出电流 I_S，使其在 $0\sim0.8\text{mA}$ 范围内取值。测量 I_S 及相应的 U_2 值，绘制 $U_2=f(I_S)$ 曲线，并由其线性部分求出转移电阻 γ_m。数据填写在实验 3-6 考核表中。

（2）保持 $I_S=0.3\text{mA}$，令 R_L 从 $1\text{k}\Omega$ 增至 ∞，测量 U_2 及 I_L 值，绘制负载特性曲线 $U_2=f(I_L)$。数据填写在实验 3-6 考核表中。

4. 测量受控源 CCCS 的转移特性 $I_L=f(I_S)$ 及负载特性 $I_L=f(U_2)$

实验线路如图 3-6-6 所示，I_S 为可调直流恒流源，R_L 为可调电阻。

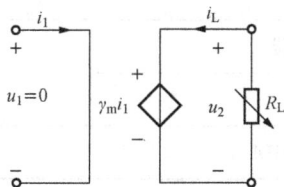

图 3-6-5　CCVS 测量电路　　　　图 3-6-6　CCCS 测量电路

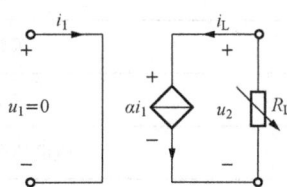

（1）固定 $R_L=2\text{k}\Omega$，调节直流恒流源输出电流 I_S，使其在 $0\sim0.8\text{mA}$ 范围内取值，测量 I_S 及相应的 I_L 值，绘制 $I_L=f(I_S)$ 曲线，并由其线性部分求出转移电流比 α。数据填写在实验 3-6 考核表中。

（2）保持 $I_S=0.3\text{mA}$，令 R_L 从 0 增至 $4\text{k}\Omega$，测量 I_L 及 U_2 值，绘制负载特性曲线 $I_L=f(U_2)$。数据填写在实验 3-6 考核表中。

六、实验注意事项

1. 实验中，注意运放的输出端不能与地短接，输入电压不得超过 10V。

2. 在用恒流源供电的实验中，不要使恒流源负载开路。

七、实验思考题

1. 不同类型的受控源可以进行级联以形成等效的另一类型的受控源。如受控源 CCVS 与 VCCS 进行适当的连接可组成 CCCS 或 VCVS。请读者自己连接。

2. 根据实验数据，在方格纸上分别绘出四种受控源的转移特性和负载特性曲线，并求出相应的转移参量。

3. 对实验的结果作出合理的分析和结论，总结对四类受控源的认识和理解。

八、实验报告要求

1. 叙述受控源 VCVS、VCCS、CCVS、CCCS 的实验目的、实验仪器及设备、实验原理、实验内容和步骤（实验报告）。

2. 整理考核表中的实验数据，完成实验总结。

3. 将实验报告与考核表装订起来上交指导教师。

3.7　实验七　正弦交流信号的测量

一、实验目的

1. 熟悉信号发生器的主要旋钮、开关的作用，初步掌握信号发生器的使用方法。

2. 熟悉示波器的主要旋钮、开关的作用，初步掌握用示波器观察电信号波形，定量测出正弦信号和脉冲信号的波形参数。

3. 掌握交流毫伏表的使用方法。

二、实验仪器及设备

实验仪器及设备见表 3-7-1。

表 3-7-1 实 验 仪 器 及 设 备

序号	名 称	数量
1	双踪示波器	1
2	函数信号发生器	1
3	交流毫伏表	1
4	电路原理实验箱 KHDL-1	1

三、实验预习要求

1. 阅读第 5 章示波器、函数信号发生器使用说明,了解示波器及函数信号发生器的基本原理与操作;了解示波器、信号发生器面板上各旋钮的作用和调节方法。

2. 阅读实验教程,了解实验目的、实验仪器及设备、实验原理、实验内容和步骤,完成实验 3-7 考核表中的预习思考题。

四、实验原理

信号发生器是提供各种激励波形的信号源。这些信号的波形都是周期变化的,波形参数是幅值 U_m 和周期 T(或频率 f)。正弦信号的波形参数是幅值 U_m、周期 T(或频率 f)和初相;脉冲信号的波形参数是幅值 U_m、周期 T 及脉宽(占空比)。信号发生器主要旋钮、开关的作用请参阅第 5 章信号发生器使用说明。

示波器是现代测量中一种最常用的仪器,它可以直观地显示出电信号的波形,可测量其幅度、周期、频率、脉宽及两同频率信号的相位关系。双踪示波器可以同时观察和测量两个信号波形和参数。示波器主要旋钮、开关的作用请参阅第 5 章示波器使用说明。

五、实验内容和步骤

1. 双踪示波器的自检

将示波器探极接至双踪示波器的 Y 轴输入插口 CH1(或 CH2),然后打开电源开关,指示灯亮。调节示波器面板的上"辉度"、"聚焦"、"X 轴位移"、"Y 轴位移"等旋钮,使在荧光屏的中心部分显示出线条细而清晰、亮度适中的直线;然后把探极接至示波器面板部分的"探极校准信号"插口,通过调节幅度开关"V/DIV"和扫描速度开关"T/DIV",并将它们的微调旋钮旋至"校准"位置,从而在荧光屏上读出该"探极校准信号"的幅值与频率,并与标称值作比较,如相差较大,则需校准。

2. 正弦波信号的观测

(1)接通信号发生器的电源,选择正弦波输出,同时接通示波器的电源。

(2)将信号发生器输出的正弦波信号,通过信号线和探极线接入示波器的 CH1(或 CH2)端。

(3)将示波器的"V/DIV"和"T/DIV"微调旋钮旋至"标准"位置。

（4）调节信号发生器相应旋钮，使信号发生器输出频率和幅值分别为 500Hz、0.5V、1500Hz、1V 和 20kHz、3V（幅值由交流毫伏表读得）。调节示波器"V/DIV"旋钮和"T/DIV"旋钮至合适的位置，从荧光屏上读得幅值及周期，数据记入实验 3-7 考核表中。

3. 方波脉冲信号的观测

（1）将信号发生器的输出类型选择为方波信号，并将信号线换接在脉冲信号的输出插口上。

（2）调节信号发生器相应旋钮，使信号发生器输出频率和幅值分别为 500Hz、1V、1500Hz、1V 和 20kHz、3V（幅值由交流毫伏表读得）。调节示波器"V/DIV"旋钮和"T/DIV"旋钮至合适的位置，从荧光屏上读得幅值及周期，数据记入实验 3-7 考核表中。

（3）使信号频率保持在 3kHz，选择不同的幅度及脉宽，观测波形参数的变化（自拟表格）。

4. 用双踪示波器测量两个波形的相位关系

按照图 3-7-1 连接实验电路，注意仪器的使用公共端要"接地"。将信号发生器输出频率调整在 1000Hz，有效值在 1V 左右，用示波器的两个通道同时观测 a 点和 b 点的波形，并观察它们之间的相位关系。从示波器上读出两个波形的周期、峰峰值以及两个波形的相位差，数据记入实验 3-7 考核表中。

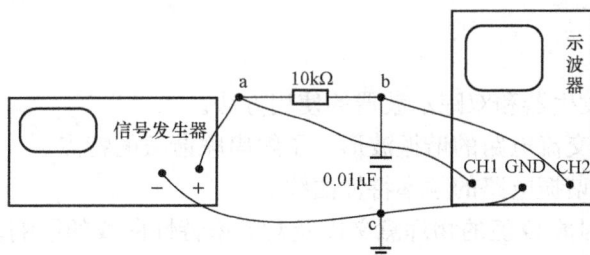

图 3-7-1　实验电路

六、实验注意事项

1. 调节仪器旋钮时，动作不要过快、过猛，示波器的辉度不要过亮。

2. 调节示波器时，要注意触发开关和电平调节旋钮的配合使用，以使显示的波形稳定。

3. 作定量测定时，"V/DIV"和"T/DIV"微调旋钮应旋至"校准"位置，并且示波器是经过校准的。

4. 为防止外界干扰，信号发生器的接地端和示波器的接地端要相连（称共地）。

七、实验思考题

1. 根据测量结果，分析误差产生的原因及减少误差的方法。

2. 根据实验数据，分析最大值、有效值、峰峰值之间的关系。

3. 根据测量过程，回顾示波器使用过程中各个旋钮的功能。

4. 若示波器屏幕上的信号波形偏向右上方，应调节哪些旋钮才能使波形位于屏幕中央？

5. 若屏幕显示波形幅度过小、波形过宽，应怎样调节才能使波形幅度和宽度适中？

6. 应用双踪示波器观察到如图 3-7-2 所示的两个波形，CH1 和 CH2 轴的"V/DIV"指示均为 0.5V，"T/DIV"指示为 20μs，试写出这两个波形信号的波形参数。

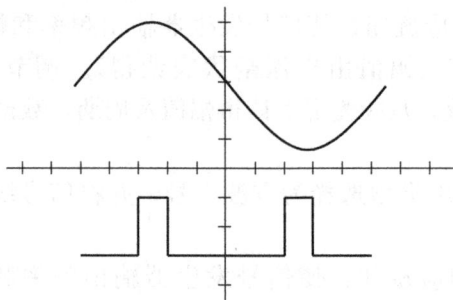

图 3-7-2　波形图

八、实验报告要求

1. 叙述正弦交流信号的测量实验目的、实验仪器及设备、实验原理、实验内容和步骤（实验报告）。

2. 整理考核表中的实验数据，完成实验总结。

3. 将实验报告与考核表装订起来上交指导教师。

3.8　实验八　*RLC* 串联谐振电路的研究

一、实验目的

1. 学习函数信号发生器和双踪示波器的使用方法。

2. 观测 *RLC* 串联交流电路的谐振波形，了解串联谐振的特点。

3. 测绘 *RLC* 串联谐振电路的频率特性曲线。

4. 理解电路品质因数 *Q* 值的物理意义以及对频率特性曲线的影响。

二、实验仪器及设备

实验仪器及设备见表 3-8-1。

表 3-8-1　　　　　　　　　　　　实 验 仪 器 及 设 备

序号	名　　　称	数量
1	双踪示波器	1
2	函数信号发生器	1
3	交流毫伏表	1
4	电路原理实验箱 KHDL-1	1

三、实验预习要求

1. 预习 *RLC* 串联交流电路的有关内容和串联谐振的特点。

2. 阅读第 5 章交流毫伏表、双踪示波器和函数信号发生器使用说明。

3. 阅读实验教程，了解实验目的、实验仪器及设备、实验原理、实验内容和步骤，完成实验 3-8 考核表中的预习思考题。

四、实验原理

谐振是正弦电路在特定条件下产生的一种特殊物理现象。谐振现象在无线电和电工技术领域均得到广泛的应用。例如，收音机和电视机利用谐振电路的特性来选择所要接受的电台信号，抑制某些干扰信号。在电子测量仪器中，利用谐振电路的特点来测量线圈和电容器的参数。图 3-8-1 所示为 RLC 串联交流电路，电压和电流的参考方向已知的情况下，电路中端电压和电流间的相位差与电路元件参数和电源的频率有关，在特定条件下会出现端电压与电流同相位，此时电路就产生了谐振，因为发生在串联电路中，所以称为串联谐振。

图 3-8-1 *RLC* 串联交流电路图

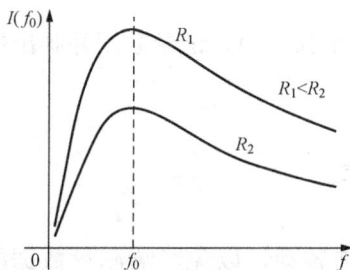

1. 产生串联谐振的条件

在图 3-8-1 所示 RLC 串联电路中，其复数阻抗为

$$Z = R + j(X_L - X_C) = R + j\left(\omega L - \frac{1}{\omega C}\right) \tag{3.8.1}$$

从式（3.8.1）可见电路的阻抗是频率的函数。

当 $X_L = X_C$ 或 $\omega L = \frac{1}{\omega C}$ 时

$$\varphi = \arctan\frac{X_L - X_C}{R} = 0 \tag{3.8.2}$$

此时（电源电压 u 与电流 i 的相位相同）电路发生谐振现象。

$$X_L = X_C \text{ 或 } \omega L = \frac{1}{\omega C} \tag{3.8.3}$$

为谐振条件，改变 RLC 串联电路的电源频率 f（使 $f = f_0$）或改变电路参数 LC 都可以使电路发生谐振。根据谐振条件可以推导出谐振频率

$$f_0 = \frac{1}{2\pi\sqrt{LC}} \tag{3.8.4}$$

由于 f_0 为交流信号源的频率，故也可称为电路的固有频率。

2. 串联谐振的特点

（1）串联谐振时，$|Z| = R$，为最小值，电路呈电阻性，且 u、i 同相位。

（2）电流在谐振时达到最大

$$I = I_0 = \frac{U}{R} \tag{3.8.5}$$

（3）电源电压 $U = U_R$。有时 $U_L = U_C$ 远大于 U，所以串联谐振又称为电压谐振，用品质因数 Q 表示 U_L、U_C 与 U 之间的关系

$$Q = \frac{U_L}{U} = \frac{U_C}{U} = \frac{2\pi f_0 L}{R} = \frac{1}{2\pi f_0 CR} \tag{3.8.6}$$

式中 U_L 和 U_C 是电路谐振时，电感和电容两端电压。

电流随频率变化的特性曲线如图 3-8-2 所示，曲线的尖锐程度与电路的品质因数有着密切关系。Q 值越大，谐振曲线越陡。电路对非谐振频率的信号具有强的抑制能力，所以选择性好。因此 Q 值是反映谐振电路性质的一个重要指标。

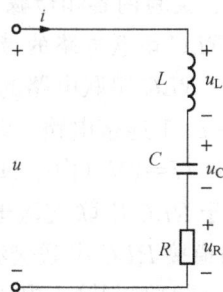

图 3-8-2 电流随频率变化的特性曲线

五、实验内容和步骤

1. RLC 串联电路的谐振状态的测量

(1) RLC 串联电路的测量。在实验箱中选择电阻 $R=510\Omega$、$C=0.1\mu F$、$L=100mH$，按图 3-8-1 连接电路。调节函数信号发生器的输出频率为 2000Hz，输出波形选择正弦波，输出电压 $U=2V$（由一只毫伏表监测，信号端接"+"，地端接"-"），函数信号发生器的输出接于 RLC 串联交流电路的输入端（信号端接"+"，地端接"-"）。将双踪示波器的 CH1 通道接 RLC 串联交流电路的输入端，CH2 通道接电阻两端（信号端接"+"，地端接"-"），同时观测输入电压 u 和电阻两端电压 u_R 的波形，各仪器与被测电路的布局与连接如图 3-8-3 所示，信号源的引出与被测信号的引入均使用专用电缆线。以 1592Hz 为中心慢慢左右旋转频率调节旋钮，观察两个电压波形的相位关系的变化。

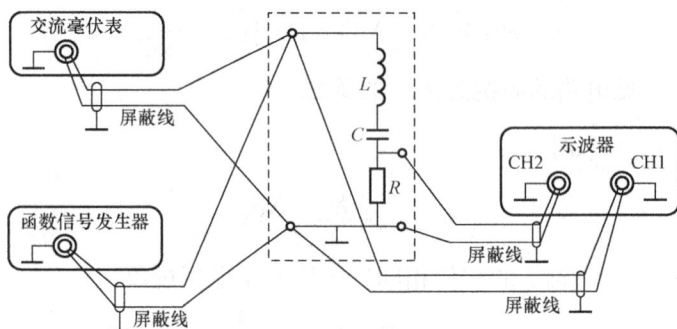

图 3-8-3　串联谐振电路图

(2) RLC 串联交流电路的谐振点的测量。调节低频信号发生器的输出频率为预习中计算的谐振频率（1592Hz），输出电压 $U=2V$（由一只毫伏表监测）保持不变，用双踪示波器同时观察 u 和 u_R 的波形，逐渐调节频率直到 u 和 u_R 的波形完全同步，即 u 与 i 同相，此时的频率即为谐振频率 f_0，记录于实验 3-8 考核表中。

(3) RLC 串联谐振时各元件电压的测量。保持电路谐振不变，用另一块毫伏表输入端依次测量 RLC 三个元件电压，将测量值填入实验 3-8 考核表中。

2. RLC 串联交流电路的电流频率特性曲线的测量

(1) 测量 510Ω 电阻两端电压，保持输入电压 $U=2V$ 不变（如果变化应立即调回 2V），以谐振频率 f_0 为中心向上每增加 200Hz 测一次 U_R，再以谐振频率 f_0 为中心向下各减少 200Hz 测一次 U_R，上下各测 5 个点，将测量结果记录于考核表中，计算每点对应的电流 I。画出电流频率特性曲线。

(2) 将 RLC 串联交流电路中 510Ω 改接为 200Ω 重复步骤 (1)，记录数据并画出电流频率特性曲线，比较两条特性曲线。

六、实验注意事项

1. 测量时注意交流毫伏表量程的选择要满足实验要求。

2. 注意仪表量程及时更换。

3. 在测量谐振电压时，人的身体尽量不要在毫伏表前转动，以免影响测量数据的准确性和稳定性。

七、实验思考题

1. 根据测量结果，分析误差产生的原因及减少误差的方法。

2. 根据表中数据，寻找谐振点观察 RLC 电路的谐振状态是否正确？

3. 已知 $R=510\Omega$、$C=0.1\mu F$、$L=100mH$，线圈电阻忽略的情况下计算 RLC 串联交流电路的谐振频率 f_0 和品质因数 Q，如果 $R=30\Omega$，品质因数将增大还是减少？

八、实验报告要求

1. 叙述 RLC 串联谐振电路的研究实验目的、实验仪器及设备、实验原理、实验内容和步骤（实验报告）。

2. 整理考核表中的实验数据，完成实验总结。

3. 将实验报告与考核表装订起来上交指导教师。

3.9　实验九　日光灯电路及功率因数的提高

一、实验目的

1. 掌握日光灯电路的接线方法，并了解各组成元件的作用及日光灯的工作原理。

2. 研究正弦稳态交流电路中电压、电流相量之间的关系。

3. 理解提高电路功率因素的意义并掌握其方法。

4. 学会使用交流电流表、交流电压表和功率表测量交流电路参数。

二、实验仪器及设备

实验仪器及设备见表 3-9-1。

表 3-9-1　　　　　　　　　　实验仪器及设备

序号	名　　称	数量
1	交流电流表	3
2	交流电压表	3
3	功率表	1
4	自耦调压器	1
5	镇流器	1
6	启辉器	1
7	电容器	4
8	日光灯管	1

三、实验预习要求

1. 预习日光灯的工作原理和日光灯电路的连接。

2. 预习正弦交流稳态电路中电压、电流相量之间的关系。

3. 复习有功功率、无功功率、视在功率和功率因数等内容。

4. 复习提高电感性负载功率因数的方法。

5. 阅读实验教程，了解实验目的、实验仪器及设备、实验原理、实验内容和步骤，完成实验 3-9 考核表中的预习思考题。

四、实验原理

1. 提高功率因数的意义

实际生产和生活中的用户负载大多数为感性负载。当感性负载功率因数较低时，会带来两方面的问题：一是因为无功功率的存在，使电源设备的容量得不到充分利用；二是因为电流增大，引起线路功率损耗增加，降低了输电效率。因此，提高功率因数有着重要的经济意义。

2. 无功补偿的三种类型

无功补偿的基本原理：把具有容性功率负荷的装置与感性功率负荷并联接在同一电路，当容性负荷释放能量时，感性负荷吸收能量；而感性负荷释放能量时，容性负荷却在吸收能量。能量在两种负荷之间交换。这样感性负荷所需要的无功功率可从容性负荷输出的无功功率中得到补偿，这就是无功功率补偿的基本原理。

(1) 欠补偿是指无功补偿后满足 $\cos\varphi < 1$，且电路等效电抗的性质不变，即感性电路补偿后仍为感性，容性仍为容性。

(2) 全补偿是指补偿至理想功率因数 $\cos\varphi = 1$。

(3) 过补偿是指无功补偿后，电路等效阻抗的性质发生了改变，即感性电路变成容性电路，或反之，容性电路变成感性电路。

由此可见，合理地选择电容容量可以提高功率因数，但并联的电容值不是越大越好，当电容值增大到一定数值后，会出现过补偿，使功率因数反而减小。

从经济角度考虑，无功补偿要合理补偿，一般采用欠补偿，通常要求用户 $\cos\varphi = 0.8 \sim 0.95$。虽然全补偿（$\cos\varphi = 1$）是理想补偿方式，但功率因数过高时，每千乏容量减小损耗的作用变小，投入的电容成本大但收效低，因此不采用全补偿。同时要注意不要过补偿，以防止无功倒流，造成功率损耗增加。

3. 日光灯电路的组成和工作原理

(1) 日光灯电路的组成。日光灯电路由灯管、镇流器和起辉器三部分组成，其电路如图 3-9-1 所示。日光灯管是一根玻璃管，在管内壁均匀地涂有一层荧光粉，管内充有少量水银蒸气和惰性气体（氩气或氖气），两端装有受热易于发射电子的钨丝作为电极，交替地起着阳极和阴极的作用。起辉器 S 是一个小型的辉光管，管内充有惰性气体，并装有两个电极，一个是固定电极，另一个是 U 形可动电极，两个电极上都焊有触头。U 形可动电极由线膨胀系数不同的两个金属片叠成，内层金属的线膨胀系数较大，外层金属的线膨胀系数较小。镇流器 G 实际上是一个绕在硅钢片上的电感线圈，相当于感性负载。

(2) 日光灯电路的工作原理。当接通电源时，电源电压通过镇流器和灯丝全部加在辉光管的两个电极之间，使辉光管放电，放电产生的热量使倒 U 形双金属片受热趋直，使两极接触，这时镇流器、灯丝通过启动器组成一个回路。灯丝因有电流而预热，当辉光管两个电极接通时电极电压为零。辉光放电停止，倒 U 双金属片因温度下降而复原。两极脱开，回路电流被切断，于是镇流器两端产生一个很高的感应电压。这个感应电压同电源电压叠加在灯管两端，使热灯丝之间产生弧光放电并射出紫外线。紫外线激发荧光粉而发出可见光，此为日光灯起辉过程。

日光灯点亮后的等效电路如图 3-9-2 所示。日光灯管等效为电阻 R，L 为镇流器的电感量，r_L 为镇流器电感内阻。

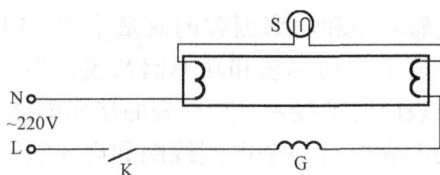

图 3-9-1 日光灯电路

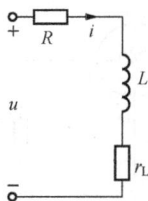

图 3-9-2 日光灯点亮后的
等效电路

镇流器的作用是：点燃时产生很高自感电压使灯管启动。正常发光时限制和稳定工作电流，启动器在正常工作时两极断开。

4. 提高日光灯电路功率因数的方法

日光灯电路由于镇流器的存在，属于电感性负载，从而使电源或电网提供的功率因数 $\cos\varphi$ 较低，一般在 0.4～0.5 之间。为了提高电路的电感性负载电路的功率因数，可以在电感性负载两端并联静电电容器。其电路图和相量图如图 3-9-3 所示。

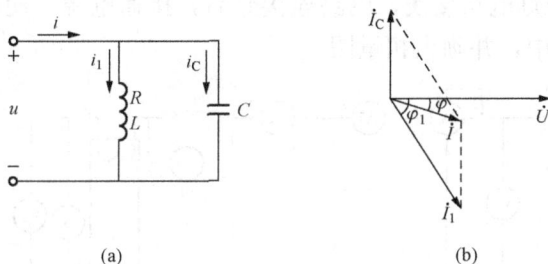

图 3-9-3 电感性负载两端并联电容器电路图、相量图
(a) 电路图；(b) 相量图

并联电容器以后，电感性负载的参数和外加电压均没有改变，故感性负载的电流 I_1 和功率因数 $\cos\varphi_1$ 也均未变化。但是电压 u 和线路电流 i 之间的相位差 φ 变小了，即提高了电源或电网提供的功率因数 $\cos\varphi$。在感性负载上并联了电容器以后，减少了电源与负载之间的能量互换。感性负载所需的无功功率，大部分或全部都由电容器供给，能量的互换主要或完全发生在感性负载和电容器之间，提高了电路的功率因数。日光灯电路功率因数的提高就是通过在电感性负载两端并联电容器实现的。实验电路如图 3-9-4 所示。

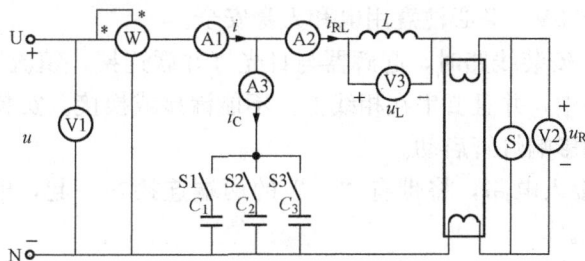

图 3-9-4 日光灯功率因数提高实验电路

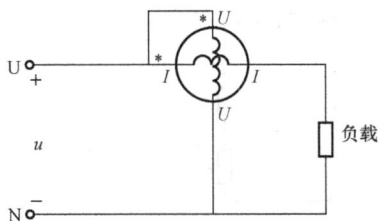

图 3-9-5　功率表接线电路

5. 功率和功率因数的测量

本实验功率和功率因数的测量采用 EEL-I 型实验台上的数字显示式功率表和功率因数表，当功率表接入后功率因数表同时被接入。功率表的接线电路如图 3-9-5 所示。功率表中有一个电流线圈和电压线圈，其中电流线圈与负载串联，电压线圈并联接至电源，而且还要注意同名端的连接，功率表电流线圈和电压线圈同名端上标有"＊"号，接线时应连接在电源的同一端，即将带"＊"的两端连接在一起，并联接到电源上。

五、实验内容和步骤

1. 搭建日光灯线路与测量

调节自耦调压器的输出电压，使输出电压缓慢增大，将电压调至 220V，按图 3-9-1 组成线路，接通电源，日光灯发光。

2. 未并联电容参数测量

按图 3-9-6 的日光灯电路接线，电路连接好后，接通电源，使日光灯发光，将测量数据填入实验 3-9 考核表中，并画出相量图。

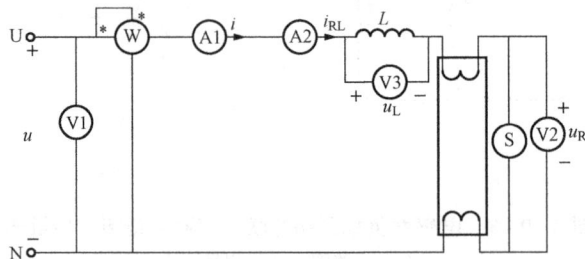

图 3-9-6　日光灯组成参数测量电路

3. 并联电容参数测量—电路功率因数的改善

按图 3-9-4 组成实验线路。将自耦调压器的输出调至 220V，连接过程中要注意切断三个与电容并联的开关，电路连接好后，接通电源，使日光灯发光。改变电容值，测量对应的电路参数，进行三次重复测量，并画出相量图。数据填入实验 3-9 考核表中。

六、实验注意事项

1. 本实验用交流 220V，务必注意用电和人身安全。

2. 线路接线正确，安装线路时，起辉器与日光灯并联连接，镇流器与日光灯串联连接。镇流器一定要串入电路中，并且要串在相线上，不能漏接或换接。安装起辉器时不能有松动或接触不良现象，否则影响灯管启动。

3. 功率表要正确接入电路，将带有"＊"的两端连接在一起，电流线圈与负载串联，电压线圈并联到电源上。

七、实验思考题

1. 在日常生活中，当日光灯上缺少了起辉器时，人们常用一根导线将起辉器的两端短接，然后迅速断开，使日光灯点亮；或用一只起辉器去点亮多只同类型的日光灯，这是为什么?

2. 为了提高电路的功率因数,常在感性负载上并联电容器,此时增加了一条电流支路,试问电路的总电流是增大还是减小,此时感性元件上的电流和功率是否改变?

3. 提高线路功率因数为什么只采用并联电容器法,而不用串联法?所并的电容器是否越大越好?

4. 完成数据表格中的计算,进行必要的误差分析。

5. 根据实验数据,分别绘出电压、电流相量图,验证相量形式的基尔霍夫定律。

6. 如果日光灯接入 220V 直流电源,会出现什么现象?

八、实验报告要求

1. 叙述日光灯电路及功率因数的提高实验目的、实验仪器及设备、实验原理、实验内容和步骤(实验报告)。

2. 整理考核表中的实验数据,撰写实验总结。

3. 将实验报告与考核表装订起来上交指导教师。

3.10 实验十 三相交流电路

一、实验目的

1. 理解三相负载作星形连接时,在对称和不对称情况下线电压与相电压、线电流与相电流之间的关系。

2. 理解三相负载作三角形连接时,在对称情况下线电流与相电流之间的关系。

3. 学会三相交流电路中负载作星形连接和三角形连接的接线方法。

4. 比较三相供电方式中三相三线制和三相四线制的特点,充分理解三相四线供电系统中中线的作用。

5. 观察三相交流电路中三角形负载和星形负载的故障现象,学习故障判断方法。

二、实验仪器及设备

实验仪器及设备见表 3 - 10 - 1。

表 3 - 10 - 1 实 验 仪 器 及 设 备

序号	名　　称	数量
1	自耦调压器	1
2	交流电流表	3
3	交流电压表	3
4	灯泡负载	8
5	电流插座	1

三、预习要求

1. 复习三相交流电路中线电压与相电压、线电流与相电流之间的关系。

2. 复习三相交流电路中负载的星形连接和三角形连接的相关理论知识。

3. 复习星形连接负载无中线时,不对称运行的后果。

4. 阅读实验教程，了解实验目的、实验仪器及设备、实验原理、实验内容和步骤，完成实验 3-10 考核表中的预习思考题。

四、实验原理

三相供电系统主要由三相电源、三相负载和三相输电线三部分组成。三相电源通过三相输电线向三相负载供电就构成了三相电路。三相电源是由频率相同、幅值相等、初相依次滞后 120° 的正弦电压源组成的对称电源。若三相负载（输电线）等效阻抗相同，则称为对称三相负载。

1. 线电压、相电压、线电流与相电流

线电压：两相线间的电压称为线电压，有效值用 U_{12}、U_{23}、U_{31} 或者用 U_L 表示。

相电压：相线与中性线间的电压称为相电压，有效值用 U_1、U_2、U_3 或者用 U_P 表示。

线电流：每根相线中的电流称为线电流，有效值用 I_L 表示。

相电流：每相负载中的电流称为相电流，有效值用 I_P 表示。

2. 三相负载的星形（Y）连接

三相负载可接成星形（又称"Y"接）或三角形（又称"△"接）。当三相负载的额定电压与电源的线电压相同时，应接成三角形。当三相负载的额定电压等于相电压时，应接成星形。在星形连接中，分有中线和无中线两种情况。由于有的负载对称，有的负载不对称，所以它们的特点各不相同。

（1）对称负载。$U_L = \sqrt{3} U_P$，$I_L = I_P$，$I_N = 0$。

（2）不对称负载。所谓负载不对称，一般有以下几种情况：

1）一般不对称。这是指在无短路的情况下，三相负载不相同，如果有中线，负载的相电压虽然不变，但相电流将不再对称，中线上有电流通过。如果没有中线，负载不对称将使各相电压发生变化，中性点发生位移，位移的大小取决于不对称的程度，严重时能损坏设备。不对称三相负载（三相照明负载）作星形连接时，必须采用三相四线制接法，而且中线必须牢固连接，以保证三相不对称负载的每相电压维持对称不变。

2）一相负载断路。如果有中线，只有断路的一相负载不能工作，其他两相负载不受影响；如果没有中线，各相电压将受到影响，这时线电压加在串联的两个负载上。

3）一相负载短路。在有中线时，如果一相负载发生短路，这时保险设备将切断该相负载，其他两相负载照常工作。在没有中线时，如发生一相负载短路，其他两相负载将接入线电压，电压升高 $\sqrt{3}$ 倍，从而超过设备的额定电压，这必然会损坏设备。

从以上可以看出，在没有中线时，如果负载不对称，对设备的运行是不利的，严重时会造成事故。所以一般 Y 接负载都采用三相四线制，并且中线不允许装设熔丝。

图 3-10-1 所示三相负载的星形（Y）连接。

3. 三相负载的三角形（△）连接

当三相负载的额定电压与电源的线电压相同时，应接成三角形。由于有的负载对称，有的负载不对称，因此它们的特点各不相同。

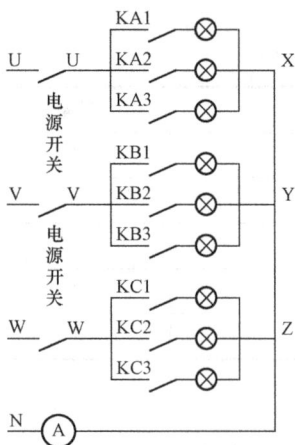

图 3-10-1 三相负载的星形（Y）连接

（1）对称负载。$U_L=U_P$，$I_L=\sqrt{3}I_P$。

（2）不对称负载。所谓负载不对称，一般有以下几种情况。

1）一般不对称。$I_L\neq\sqrt{3}I_P$。

2）一相负载断路。只有断路的一相负载不能工作，其他两相负载不受影响。

3）一相火线断路。只有不与该火线相连的一相负载能正常工作。

图 3-10-2 所示三相负载的三角形（△）连接。

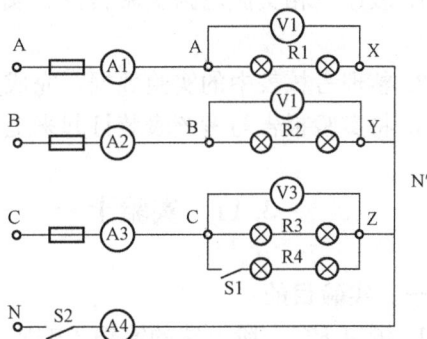

五、实验内容和步骤

1. 负载星形（Y）连接

调节自耦变压器使电源的线电压为 380V，并用数字电压表测量各线电压，将数据填入实验 3-10 考核表中，然后断开电源。按图 3-10-3 连接好实验电路，用三块数字电压表测量各相电压，将电压表与所测量的负载相并联，并按以下步骤完成各项实验，分别测量三相负载的线电压、相电压、线电流、相电流、中线电流，将所测得的数据填入实验 3-10 考核表中。

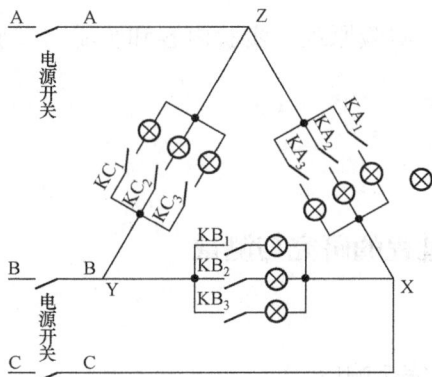

图 3-10-2　三相负载的三角形（△）连接　　　　图 3-10-3　负载星形（Y）连接的实验线路图

（1）有中线——中线开关 S2 闭合。

1）负载对称。每相负载两个电灯串联，分别测量相电压、相电流、中线电流。

2）负载不对称。将 C 相并联一组电灯 R4，即 S1 闭合，分别测量相电压、相电流、中线电流。

（2）无中线——中线开关 S2 断开。

1）负载对称。每相负载两个电灯串联，分别测量相电压、相电流。

2）负载不对称。将 C 相并联一组电灯 R4，即 S1 闭合，分别测量相电压、相电流。

3）一相短路（演示实验）。将一相瞬时短路，注意时间要短，观察灯的亮度。

2. 负载三角形（△）连接（三相三线制供电）

（1）调节电源线电压为 220V。

（2）按图 3-10-2 接成三角形对称负载。

（3）测量线电压、线电流数据填入实验 3-10 考核表中。

（4）将数字电流表从电路中取下，用导线将原电路接电流表处短接，使用数字电流表分别测量相电流 I_{AB}、I_{BC}、I_{CA}，将测量结果填入实验 3-10 考核表中。

六、实验注意事项

1. 本实验采用三相交流电，线压为 380V，实验时要注意人身安全，不可触及导电部件，防止意外事故发生。

2. 每次接线完毕，同组同学应自查一遍，然后由指导教师检查后，方可接通电源。应遵循先接线、后通电，先断电、后拆线的实验操作原则。

3. 星形负载作短路实验时，必须首先断开中线，以免发生短路事故。

七、实验思考题

1. 三相负载根据什么条件作星形或三角形连接？

2. 用实验测得的数据验证对称三相电路中的 $\sqrt{3}$ 关系。

3. 用实验数据和观察到的现象，总结三相四线供电系统中中线的作用。

4. 三相负载三角形连接时为什么要通过三相调压器将 380V 的线电压降为 220V 的线电压使用？

5. 在三相四线制系统中，中性线上可以安装开关和熔丝吗？为什么？

八、实验报告要求

1. 叙述三相交流电路实验目的、实验仪器及设备、实验原理、实验内容和步骤（实验报告）。

2. 整理考核表中的实验数据，完成实验总结。

3. 将实验报告与考核表装订起来上交指导教师。

3.11　实验十一　一阶电路过渡过程的研究与测量

一、实验目的

1. 测定 RC 一阶电路的零输入响应、零状态响应及完全响应。

2. 观测电路参数对 RC 电路的影响。

3. 掌握有关微分电路和积分电路的概念，了解微分电路和积分电路的实际应用。

4. 学习用示波器测定时间常数。

5. 进一步学习示波器及信号发生器的使用。

二、实验仪器及设备

实验仪器及设备见表 3-11-1。

表 3-11-1　　　　　　　　　　　　实 验 仪 器 及 设 备

序号	名　　　称	数量
1	双踪示波器	1
2	函数信号发生器	1
3	交流毫伏表	1
4	电路原理实验箱 KHDL-1	1
5	数字万用表	1

三、实验预习要求

1. 什么是零输入响应、零状态响应、完全响应？

2. 根据实验中使用的方波脉冲（1kHz，3V）及实验中所用的 R、C 值，预先计算出方波脉冲的宽度 $T/2$ 及时间常数 τ。

3. 阅读实验教程，了解实验目的、实验仪器及设备、实验原理、实验内容和步骤，完成实验 3-11 考核表中的预习思考题。

四、实验原理

1. 电路的过渡过程

在含有储能元件（电感或电容）的电路中，当电路的结构或元件的参数发生变化时（例如电路中电源或无源元件的断开或接入，信号的突然注入等），可能使电路改变原来的工作状态，转变到另一个工作状态，这种转变往往需要经历一个过程，在工程上称为过渡过程。

只含有一个独立储能元件的电路，称为一阶电路。描述一阶电路响应和激励关系的电路方程是一阶微分方程。

零输入响应：指动态电路在没有外施激励时，由电路中动态元件的储能引起的响应。

零状态响应：指电路在零初始状态下，动态元件初始储能为零，由外施激励引起的响应。

全响应：当一个非零初始状态的一阶电路受到激励时，电路的响应称为全响应。全响应是零输入响应和零状态响应的叠加。

图 3-11-1 所示为一阶 RC 电路。换路前开关 S 与 2 点相连接，电容中无储能，即处于零状态，故 $u_C(0)=0$。换路后，开关 S 与 1 点相连，RC 电路两端相当于输入了一个阶跃电压，电容开始充电。因此该电路的响应为阶跃激励下的零状态响应，研究这种响应也就是研究电容的充电过程。

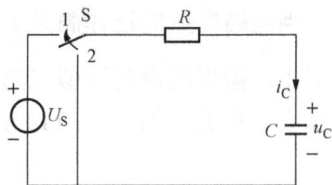

图 3-11-1　一阶 RC 电路

图 3-11-2 所示为一阶 RC 电路零状态响应下 u_C 与 i_C 随时间变化的波形图。由图中可见，u_C 由初始值随时间按指数规律逐渐增长，最终趋于稳态值 U_S；充电电流 i_C 在 $t=0$ 时刻发生突变，由零跳变到 I_0，然后按指数规律逐渐衰减，最终趋于零。电容充电的快慢，取决于电路的时间常数 $\tau=RC$，τ 越大，充电越慢。在理论上，需经过无穷大时间才能完全达到稳态，但在工程上只要 $t \gg 3\tau$，即可认为电路已经达到稳态，电容充电基本结束。

图 3-11-3 所示为一阶 RC 电路零输入响应下 u_C 与 i_C 随时间变化的波形图。在图 3-11-1 的电路中，先将开关 S 合在 1 点，使电容两端电压充电至 U_S，然后将开关 S 合在 2 点，电容开始放电，电容放电的电压和电流分别为

$$u_C = U_S \mathrm{e}^{-\frac{1}{RC}} = U_S \mathrm{e}^{-\frac{t}{\tau}} \tag{3.11.1}$$

$$i_C = C\frac{\mathrm{d}u_C}{\mathrm{d}t} = -\frac{U_0}{R}\mathrm{e}^{-\frac{t}{\tau}} = -I_0 \mathrm{e}^{-\frac{t}{\tau}} \tag{3.11.2}$$

2. RC 电路输入矩形脉冲的响应

由于电路的过渡过程是十分短暂的单次变化过程，要用普通示波器观察过渡过程和测量有关的参数，就必须使这种单次变化的过程重复出现。为此，我们常利用信号发生器输出的方波来模拟阶跃激励信号，即利用方波输出的上升沿作为零状态响应的正阶跃激励信号，利

用方波的下降沿作为零输入响应的负阶跃激励信号。只要选择方波的重复周期远大于电路的时间常数 τ，那么电路在这样的方波序列脉冲信号的激励下，它的响应就和直流电接通与断开的过渡过程是基本相同的。

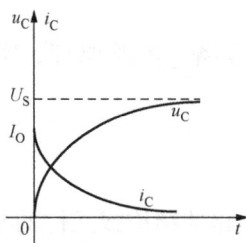

图 3-11-2　一阶 RC 电路　　　　　图 3-11-3　一阶 RC 电路
零状态响应波形　　　　　　　　零输入响应波形

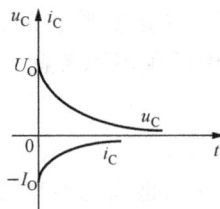

在阶跃信号下，RC 一阶电路的零输入响应和零状态响应分别按指数规律衰减和增长，其变化的快慢决定于电路的时间常数 τ。

3. RC 电路的应用

积分电路和微分电路是 RC 一阶电路中较典型的应用电路，它对电路时间常数 τ 和输入信号的周期 T 有着特定的要求。

（1）RC 积分电路。RC 串联电路，由 C 端作为响应输出，在方波序列脉冲的重复激励下，当电路参数的选择满足 $\tau=RC\gg\dfrac{T}{2}$ 时，此时电路的输出信号电压与输入信号电压的积分成正比，输出端得到近似三角波的电压，这种电路称为积分电路。常用这种积分电路把方波变换成三角波，如图 3-11-4 所示。

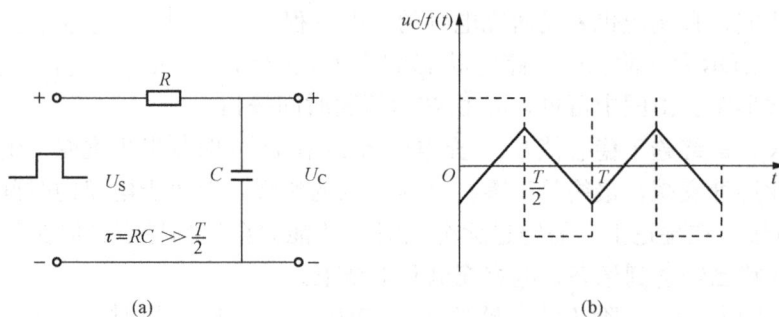

(a)　　　　　　　　　　　　　　　(b)

图 3-11-4　RC 积分电路及其响应波形
（a）RC 积分电路；（b）RC 积分电路响应波形

（2）RC 微分电路。RC 串联电路，由 R 端作为响应输出，在方波序列脉冲的重复激励下，当电路参数的选择满足 $\tau=RC\ll\dfrac{T}{2}$ 时，此时电路的输出信号电压与输入信号电压的微分成正比，输出端得到正负交变的尖脉冲，这种电路称为微分电路。常用这种微分电路把方波变换成尖脉冲，如图 3-11-5 所示。

从输出波形来看，RC 积分电路、微分电路均起着波形变换的作用，请在实验过程中仔细观察与记录。

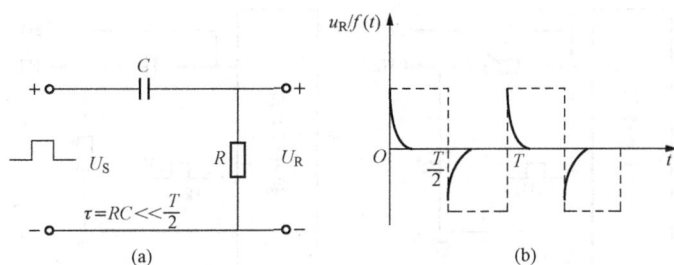

图 3-11-5　RC 微分电路及其响应波形

(a) RC 微分电路；(b) RC 微分电路响应波形

4. 时间常数 τ 的测量

根据一阶微分方程的求解得知

$$u_C = U_S e^{-\frac{1}{RC}} = U_S e^{-\frac{1}{\tau}} \tag{3.11.3}$$

当 $t=\tau$ 时，$u_C = 0.368U_S$，此时所对应的时间就等于 τ，其零输入响应的波形如图 3-11-6 所示。

亦可用零状态响应波形增加到 $u_C = 0.632U_S$ 所对应的时间测得，其零状态响应的波形如图 3-11-7 所示。

$$\tau = OP \times T/DIV \tag{3.11.4}$$

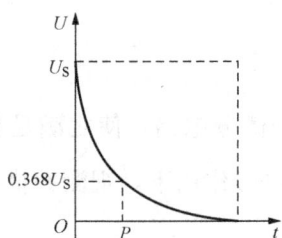

图 3-11-6　零输入响应波形

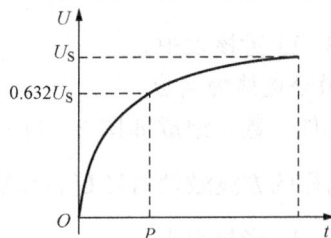

图 3-11-7　零状态响应波形

五、实验内容和步骤

实验线路采用如图 3-11-8 所示的一阶、二阶动态电路或如图 3-11-9 所示的 RC 电路。其中图 3-11-9 所示的 RC 电路由实验箱右下角的电阻电容连接构成。

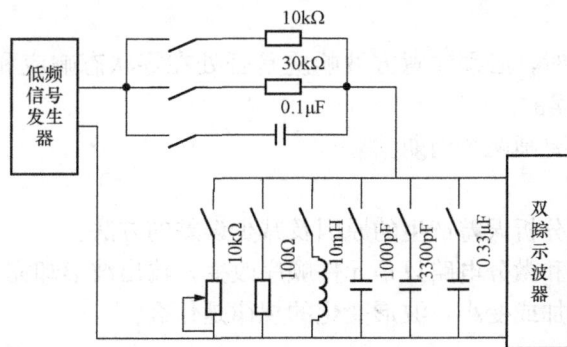

图 3-11-8　一阶、二阶动态电路

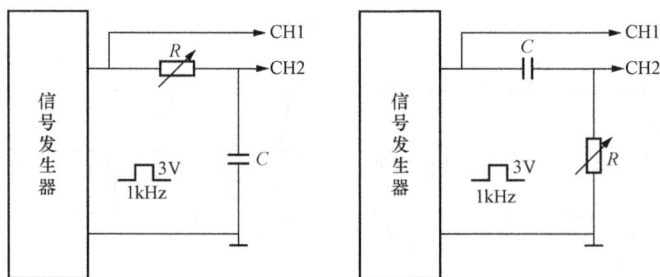

图 3-11-9　RC 电路

1. 观测 RC 电路的零状态响应及零输入响应

选择 R、C 元件参数，组成如图 3-11-4 所示的 RC 充放电电路，让信号发生器输出 $U_m=3V$、$f=1kHz$ 的方波信号，并通过两根示波器探极，将激励源 $U_i=U_m$ 和响应 U_C 的信号分别连至示波器的两个通道 CH1 和 CH2，这时可在示波器的屏幕上观察到激励和响应的变化规律，用 U_C 的波形求测时间常数 τ，并用方格纸按 1：1 的比例描绘激励与响应波形，填入实验 3-11 考核表中。

2. 观测 RC 积分电路的响应

选择 R、C 元件参数，组成如图 3-11-4 所示的积分电路，使之满足积分电路的条件 $\tau=RC\gg\dfrac{T}{2}$，在同样的方波激励信号 $U_m=3V$、$f=1kHz$ 作用下，观测并描绘激励与响应的波形，填入实验 3-11 考核表中。

3. 观测 RC 微分电路的响应

选择 R、C 元件参数，组成如图 3-11-5 所示的微分电路，使之满足积分电路的条件 $\tau=RC\ll\dfrac{T}{2}$，在同样的方波激励信号 $U_m=3V$、$f=1kHz$ 作用下，观测并描绘激励与响应的波形，填入实验 3-11 考核表中。

六、实验注意事项

1. 示波器、信号发生器各旋钮要轻轻旋动。

2. 示波器的辉度不要太亮，尤其是光点长期停留在荧光屏上不动时，应将辉度调暗，以延长示波管的作用寿命。

3. 信号源的接地端与示波器的接地端要连在一起（称共地），以防外界干扰而影响测量的准确性。

4. 在测量时间常数时，必须注意方波响应是否处在零状态响应和零输入响应状态，否则测得的时间常数是错误的。

5. 绘制波形图时，要画两个周期。

七、实验思考题

1. 根据测量结果，分析误差产生的原因及减少误差的方法。

2. 为什么积分电路和微分电路只是元件顺序改变，输出波形却完全不同？

3. 随着时间常数增加或变小，波形变化的规律是什么？

八、实验报告要求

1. 叙述一阶电路过渡过程的研究与测量实验目的、实验仪器及设备、实验原理、实验内容和步骤（实验报告）。

2. 整理考核表中的实验数据，完成实验总结。

3. 将实验报告与考核表装订起来上交指导教师。

3.12　实验十二　RC 选频网络特性测试

一、实验目的

1. 熟悉文氏电桥电路和 RC 双 T 电路的结构特点及其应用。

2. 学会用交流毫伏表和示波器测定以上两种电路的幅频特性和相频特性。

3. 熟悉文氏电桥电路的结构特点及选频特性。

二、实验仪器及设备

实验仪器及设备见表 3-12-1。

表 3-12-1　　　　　　　　　　　　实 验 仪 器 及 设 备

序号	名　　　称	数量
1	电路原理实验箱 KHDL-1	1
2	低频信号发生器	1
3	双踪示波器	1
4	交流毫伏表	1

三、实验预习要求

1. 根据 RC 串、并联电路参数，估算图 3-12-1 电路的固有频率 f_0。

2. 推导 RC 串、并联电路及 RC 双 T 电路的幅频、相频特性的数学表达式。

3. 什么是 RC 串、并联电路的选频特性？当频率等于谐振频率时，电路的输出、输入有何关系？

4. 阅读实验教程，了解实验目的、实验仪器及设备、实验原理、实验内容和步骤，完成实验 3-12 考核表中的预习思考题。

四、实验原理

1. 文氏电桥电路

文氏电桥电路是一个 RC 的串、并联电路，如图 3-12-1 所示。该电路结构简单，广泛用于低频振荡电路中作为选频环节，可以获得很高纯度的正弦波电压。

文氏电桥电路的频率特性为

$$N(j\omega)=\frac{U_o}{U_i}=\frac{1}{3+j\left(\omega RC-\dfrac{1}{\omega RC}\right)} \tag{3.12.1}$$

其中幅频特性为：

$$A(\omega)=\frac{U_o}{U_i}=\frac{1}{\sqrt{3^2+\left(\omega RC-\dfrac{1}{\omega RC}\right)^2}} \tag{3.12.2}$$

相频特性为：

$$\varphi(\omega)=\varphi_\mathrm{o}-\varphi_\mathrm{i}=-\arctan\frac{\omega RC-\dfrac{1}{\omega RC}}{3} \qquad (3.12.3)$$

幅频特性和相频特性曲线如图 3-12-2 所示，幅频特性呈带通特性。

当角频率 $\omega=\dfrac{1}{RC}$ 时，$A(\mathrm{j}\omega)=\dfrac{1}{3}$，$\varphi(\omega)=0^\circ$，$u_\mathrm{o}$ 与 u_i 同相，电路发生谐振，谐振频率 $f_\mathrm{o}=\dfrac{1}{2\pi RC}$。即当信号频率为 f_o 时，RC 串、并联电路的输出电压与输入电压同相，其大小是输入电压的 $\dfrac{1}{3}$。这一特性称为文氏电桥电路的选频特性。

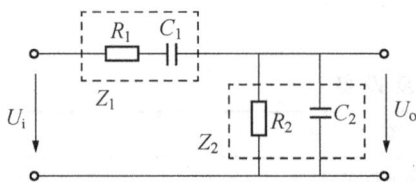

图 3-12-1　文氏电桥电路

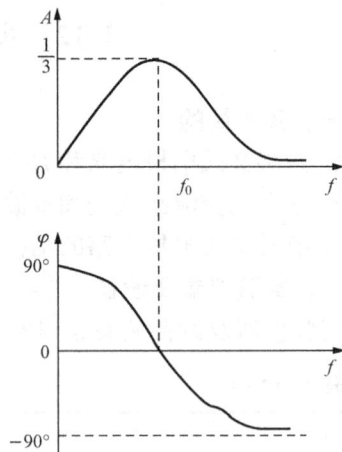

图 3-12-2　文氏电桥电路幅频、相频特性曲线

　　测量幅频特性：用信号发生器的正弦输出信号作为图 3-12-1 的激励信号 U_i，并保持 U_i 值不变的情况下，改变输入信号的频率 f，用交流毫伏表或示波器测出输出端相应于各个频率点下的输出电压 U_o 值，将这些数据画在以频率 f 为横轴、$A=\dfrac{U_\mathrm{i}}{U_\mathrm{o}}$ 为纵轴的坐标纸上，用一条光滑的曲线连接这些点，该曲线就是上述电路的幅频特性曲线。

　　测量相频特性：保持信号源输入电压 U_i 不变，改变频率 f，同时用交流毫伏表监视输入电压 U_i，用示波器观察 U_o 与 U_i 波形，若两个波形的延时为 t，周期为 T，则它们的相位差 $\varphi=\dfrac{t}{T}\times360^\circ$，然后逐点描绘出相频特性。

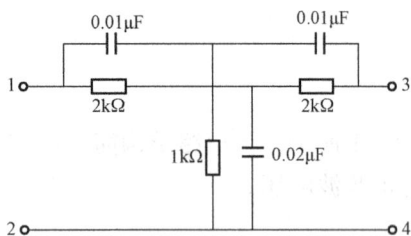

图 3-12-3　RC 双 T 电路

2.RC 双 T 电路

RC 双 T 电路如图 3-12-3 所示，可认为由两个单 T 网络并联而成：一个单 T 网络由 2 个电阻 R 和电容 $2C$ 组成，是一个低通滤波器，如图 3-12-4 所示；另一个单 T 网络由 2 个电容 C 和电阻 $R/2$ 组成，是一个高通滤波器，如图 3-12-5 所示。

　　由电路分析可知，RC 双 T 网络零输出的条件为

$$\frac{1}{R_3}=\frac{1}{R_1}+\frac{1}{R_2},\; C_1+C_2=C_3 \qquad (3.12.4)$$

若选 $R_1=R_2=R$，$C_1=C_2=C$，则

$$R_3=R/2, C_3=2C \qquad (3.12.5)$$

该双 T 电路的频率特性为（令 $\omega_\mathrm{o}=\dfrac{1}{RC}$）

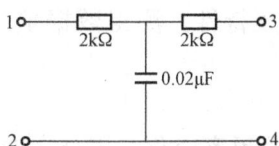

图 3 - 12 - 4　低通滤波器　　　　　图 3 - 12 - 5　高通滤波器

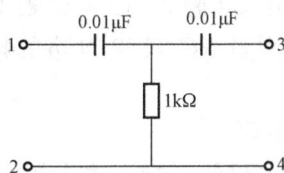

$$F(\omega)=\frac{\dfrac{1}{2}\left(R+\dfrac{1}{\mathrm{j}\omega C}\right)}{\dfrac{2R(1+\mathrm{j}\omega RC)}{1-\omega^2R^2C^2}+\dfrac{1}{2}\left(R+\dfrac{1}{\mathrm{j}\omega C}\right)}=\frac{1-\left(\dfrac{\omega}{\omega_0}\right)^2}{1-\left(\dfrac{\omega}{\omega_0}\right)^2+\mathrm{j}}\tag{3.12.6}$$

其中幅频特性为：

$$|F|=\frac{\left|1-\omega^2R^2C^2\right|}{\sqrt{(1-\omega^2R^2C^2)^2+(4\omega CR)^2}}\tag{3.12.7}$$

相频特性为：当 $\omega<\omega_0$ 时，　　$\varphi=-\arctan\dfrac{4\omega CR}{1-\omega^2C^2R^2}$ 　　　(3.12.8)

当 $\omega>\omega_0$ 时，　　$\varphi=\pi-\arctan\dfrac{4\omega CR}{1-\omega^2C^2R^2}$ 　　　(3.12.9)

当 $\omega=\omega_0$ 时，　　　　　　$\varphi=-\dfrac{\pi}{2}$ 　　　　　　(3.12.10)

当 $\omega=\omega_0=\dfrac{1}{RC}$ 时，输出幅值等于 0，相频特性呈现 $\pm90°$ 的突跳。幅频特性和相频特性曲线如图 3 - 12 - 6 和图 3 - 12 - 7 所示。

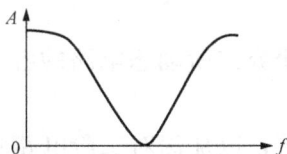

图 3 - 12 - 6　RC 双 T 网络幅频特性曲线　　图 3 - 12 - 7　RC 双 T 网络相频特性曲线

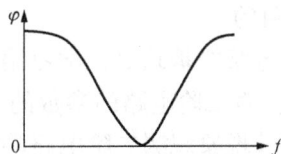

五、实验内容和步骤

1. 测量 RC 串、并联电路的幅频特性

(1) 利用电路原理实验箱 KHDL-1 中"RC 串、并联选频网络"线路，组成图 3 - 12 - 1 线路。取 $R=1\mathrm{k}\Omega$，$C=0.1\mu\mathrm{F}$。

(2) 调节信号源输出电压为正弦信号，接入图 3 - 12 - 1 的输入端。

(3) 改变信号源的频率 f，并保持 $U_i=2\mathrm{V}$ 不变，测量输出电压 U_0。（可先测量 $A=1/3$ 时的频率 f_0，然后再在左右设置其他频率点测量）。

(4) 取 $R=200\Omega$，$C=2\mu\mathrm{F}$，重复上述测量。

(5) 测得数据填入实验 3 - 12 考核表中。

2. 测量 RC 串、并联电路的相频特性

将图 3 - 12 - 1 的输入和输出分别接至双踪示波器的两个输入端，改变输入正弦信号的频率，观测不同频率点时相应的输入与输出波形间的时延及信号的周期，并计算两波形间的相

位差，将测得数据填入实验 3 - 12 考核表中。

用同样的方法测量 RC 双 T 电路的幅频、相频特性。测得数据填入实验 3 - 12 考核表中。

六、实验注意事项

1. 由于信号源内阻的影响，输出幅度会随信号频率变化。因此，在调节输出频率时，应同时调节输出幅度，使实验电路的输入电压保持不变。

2. 双踪示波器上横轴与纵轴的每一大格对应时间和电压旋钮的刻度值，每一大格又分为 5 小格，在读数的时候必须对每小格进行估读，也就是说最终读出的最小值应为每个大格对应读数的 1/50。

七、实验思考题

1. 根据实验数据，绘制 RC 串、并联电路的幅频、相频特性曲线，找出谐振频率和幅频特性的最大值，并与理论计算值比较。

2. 根据实验数据，绘制 RC 双 T 电路的幅频、相频特性曲线，并与理论计算值比较。

八、实验报告要求

1. 叙述 RC 选频网络特性测试实验目的、实验仪器及设备、实验原理、实验内容和步骤（实验报告）。

2. 整理考核表中的实验数据，完成实验总结。

3. 将实验报告与考核表装订起来上交指导教师。

3.13 实验十三 二阶动态电路响应的研究

一、实验目的

1. 在一阶电路的基础上，学习用实验方法观察和研究二阶动态电路的各种响应，掌握各种电路元器件对二阶电路的参数的影响。

2. 通过实验现象观测二阶电路响应的三种状态轨迹，以加深对二阶电路响应的认识和理解。

3. 通过计算，得出欠阻尼振荡放电过程中的衰减常数及周期等参数。

二、实验仪器及设备

实验仪器及设备见表 3 - 13 - 1。

表 3 - 13 - 1　　　　　　　　　实 验 仪 器 及 设 备

序号	名　　　称	数量
1	电路原理实验箱 KHDL-1	1
2	双踪示波器	1
3	低频信号发生器	1
4	交流毫伏表	1

三、实验预习要求

1. 复习二阶电路，列出电路方程，并得出相应的解。

2. 通过书中提供的电路及参数，理解电阻的改变对电路参数的影响。

3. 仔细观测电路的各种现象，正确使用示波器等设备。

4. 复习二阶动态电路的衰减系数、谐振角频率和电路参数的关系。

5. 阅读实验教程，了解实验目的、实验仪器及设备、实验原理、实验内容和步骤，完成实验 3-13 考核表中的预习思考题。

四、实验原理

1. 三种状态下的响应

图 3-13-1 所示 RLC 串联电路为一典型的二阶电路。

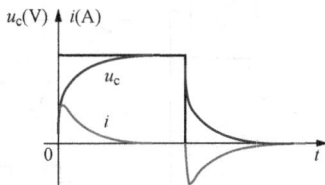

RLC 串联电路在换路后的方程为

$$LC\frac{\mathrm{d}^2 u_c}{\mathrm{d}t^2}+RC\frac{\mathrm{d}u_c}{\mathrm{d}t}+u_c=0 \tag{3.13.1}$$

电路过渡过程的性质微分方程的特征根

$$p_{1,2}=-\frac{R}{2L}\pm\sqrt{\left(\frac{R}{2L}\right)^2-\frac{1}{LC}}=-\delta\pm\sqrt{\delta^2-\omega_0^2} \tag{3.13.2}$$

其中衰减系数 $\delta=-\dfrac{R}{2L}$，固有角频率 $\omega_0=\dfrac{1}{\sqrt{LC}}$，衰减振荡角频率 $\omega_d=\sqrt{\omega_0^2-\delta^2}$。其振荡幅度衰减的快慢取决于衰减系数 δ，而振荡的快慢则取决于衰减振荡频率 ω_d。当选择不同的 R、L、C 参数时，会产生三种不同状态的响应，即过阻尼、欠阻尼和临界阻尼三种状态。

(1) 当 $R>2\sqrt{\dfrac{L}{C}}$ 时，$\delta>\omega_0$，电路中的电阻过大，称为过阻尼状态。电压、电流响应呈现出非周期性衰减的特点，如图 3-13-2 所示。

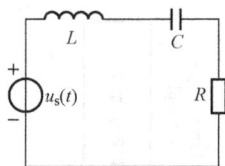

图 3-13-1　RLC 串联电路　　　　图 3-13-2　过阻尼电压、电流波形图

(2) 当 $R<2\sqrt{\dfrac{L}{C}}$ 时，$\delta<\omega_0$，电路中的电阻过小，称为欠阻尼状态。电压、电流响应具有衰减振荡的特点，这时，特征根 $p_{1,2}=-\delta\pm j\omega$ 是一对共轭复根，其中衰减振荡角频率 $\omega_d=\sqrt{\omega_0^2-\delta^2}$，电压、电流波形如图 3-13-3 所示。

(3) 当 $R=2\sqrt{\dfrac{L}{C}}$ 时，$\delta=\omega_0$，电路中的电阻适中，称为临界状态。此时 $\omega=0$，暂态过程界于非周期与周期之间，其本质属于非周期暂态过程。

当 $\delta=0$ 时，响应是等幅振荡，称为无阻尼状态；当 $\delta>0$ 时，响应是发散振荡性的，称为负阻尼状态。

2. 欠阻尼状态时的衰减系数 δ 和振荡衰减周期 T_d 的测量方法

其振荡波形如图 3-13-4 所示。用示波器读取 T_d 及 A_1、A_2 的值，则衰减系数

$\delta=\dfrac{1}{T_d}\ln\dfrac{A_1}{A_2}$，衰减振荡角频率 $\omega_d=\dfrac{2\pi}{T_d}$，固有角频率 $\omega_0=\sqrt{\omega_d^2+\delta^2}$。

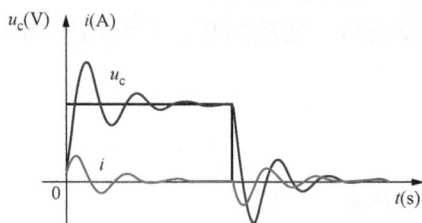

图 3-13-3　欠阻尼电压、电流波形图　　　　图 3-13-4　欠阻尼情况下波形响应

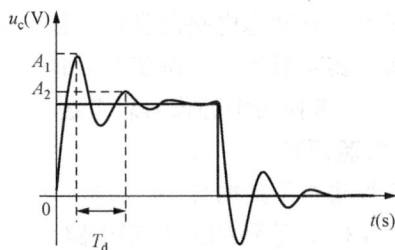

　　一个二阶电路在方波信号的激励下，可获得零状态和零输入响应，其响应的变化轨迹取决于电路的固有频率。当调节电路元件的参数时，使得电路的固有频率发生变化，电路中会出现过阻尼非振荡放电过程、欠阻尼振荡放电过程和临界阻尼三种状态。

　　简单而典型的二阶电路有 RLC 的串联电路和并联电路（GCL），本实验采用的是 GCL 并联电路。

五、实验内容和步骤

　　二阶动态电路实验板与一阶电路的实验板相同，如图 3-13-5 所示。利用动态线路板中的元件与开关的配合作用，组成 GCL 并联电路。

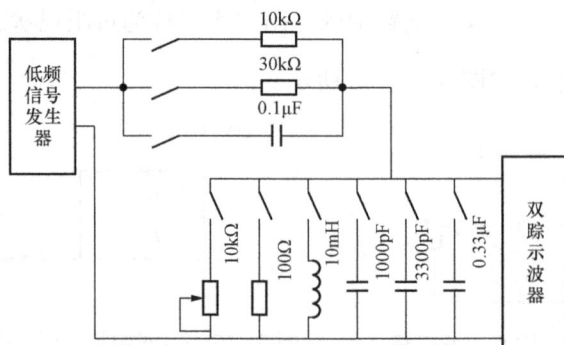

图 3-13-5　二阶动态电路

　　令 $R_1=10\text{k}\Omega$，$L=10\text{mH}$，$C=1000\text{pF}$，R_2 为 $10\text{k}\Omega$ 可调电阻器，令函数信号发生器的输出为 $U_m=3\text{V}$、$f=1\text{kHz}$ 的方波脉冲信号，通过同轴电缆线接至激励端，同时用同轴电缆线将激励端和响应输出端接至双踪示波器的 YA 和 YB 两个输入口。

　　（1）调节可变电阻器 R_2 之值，观察二阶电路的零输入响应和零状态响应由过阻尼过渡到临界阻尼，最后过渡到欠阻尼的变化过渡过程，分别定性地描绘、记录响应的典型变化波形。

　　（2）调节 R_2 使示波器荧光屏上呈现稳定的欠阻尼响应波形，定量测定此时电路的衰减常数 α 和衰减振荡角频率 ω_d。

　　（3）改变一组电路参数，如增、减 L 或 C 之值，重复步骤（2）的测量，并做记录，数据填入实验 3-13 考核表中。

（4）随后仔细观察，改变电路参数时 ω_d 与 α 的变化趋势，并做记录，数据填入实验 3 - 13 考核表中。

六、实验注意事项

1. 调节 R_2 时，要细心、缓慢，临界阻尼要找准。

2. 观察双踪时，显示要稳定，如不同步，则可采用外同步法（看示波器说明）触发。

3. 函数信号发生器、示波器的公共端必须与电路中的接地点连在一起，不能接在电路中电位不同的点上。

七、实验思考题

1. 什么是二阶电路的零状态响应和零输入响应？它们变化规律与哪些因素有关？

2. 根据二阶电路实验线路元件的参数，计算出处于临界阻尼状态的 R_2 之值。

3. 在示波器荧光屏上，如何测得二阶电路欠阻尼状态的衰减常数 α 和振荡频率 ω_d？

4. 什么情况下衰减振荡可以变为等幅振荡？

八、实验报告要求

1. 叙述二阶电路过渡过程的研究实验目的、实验仪器及设备、实验原理、实验内容和步骤（实验报告）。

2. 整理考核表中的实验数据，完成实验总结。

3. 将实验报告与考核表装订起来上交指导教师。

3.14　实验十四　二阶网络状态轨迹的显示

一、实验目的

1. 观察 RLC 电路的状态轨迹。

2. 掌握一种同时观察两个无公共接地端电信号的方法。

二、实验仪器及设备

实验仪器及设备见表 3 - 14 - 1。

表 3 - 14 - 1　　　　　　　　　实 验 仪 器 及 设 备

序号	名　　　称	数量
1	电路原理实验箱 KHDL-1	1
2	低频信号发生器	1
3	双踪示波器	1

三、实验预习

1. 图 3 - 14 - 4 所示电路中，在不同电阻值时它的状态轨迹大致形状如何？

2. 观察状态轨迹时，示波器与电路应如何连接？

3. 在实验电路中为何要串接 $R = 30\Omega$ 的小电阻？

4. 阅读实验教程，了解实验目的、实验仪器及设备、实验原理、实验内容和步骤，完成实验 3 - 14 考核表中的预习思考题。

四、实验原理

任何变化的物理过程在每一时刻所处的"状态"，都可以概括地用若干被称为"状态变量"的物理量来描述。例如一个动态网络在不同时刻各支路电压、电流在变化，所处的状态也都不相同。在所有 u_C、i_C、u_L、i_L、u_R、i_R 六种可能的变量中，由于电容的储能为 $\frac{1}{2}Cu_C^2$，电感的储能 $\frac{1}{2}Li_L^2$，故选电容的电压和电感的电流作为电路的状态变量，知道电路中 u_C 和 i_L 的变化就可以了解电路状态的变化。如图 3-14-4 所示 RLC 电路，电路中有两个储能元件，因此该电路的独立变量有两个，电路中 u_C 和 i_L 为状态变量，则根据该电路的下列回路方程

$$i_L R + L\frac{di_L}{dt} + u_C = u_i \qquad (3.14.1)$$

求得相应状态方程为

$$u_C' = \frac{1}{C}i_L \qquad (3.14.2)$$

$$i_L' = -\frac{1}{L}u_C - \frac{R}{L}i_L + \frac{1}{L}u_i \qquad (3.14.3)$$

从式 (3.14.3) 看出，已知电路的激励电压 u_i 的初始条件 $i_L(t_0)$、$u_C(t_0)$，就可以唯一地确定 $t \geqslant t_0$ 时该电路的电流和电容两端的电压。

"状态变量"较确切的定义是能描述系统动态特性组最少数量的数据。对一个电路网络，若选择全部电容电压和电感电流作为状态变量，那么根据这些状态变量和激励，就可确定网络中任一支路的电压或电流。网络在每一时刻所处的状态可以用状态空间中一个点来表示，随着时间变化，点的移动形成一个轨迹，称为"状态轨迹"。电路参数不同，则状态轨迹也不相同。为了便于用示波器直接观察到网络的状态轨迹，本实验仅研究二阶网络，它的状态轨迹可以用一个二维状态平面表达。

将 $i_L = C\frac{du_C}{dt}$ 代入式 (3.14.1) 中，得

$$LC\frac{d^2u_C}{dt^2} + RC\frac{du_C}{dt} + u_C = u_i$$

$$\frac{d^2u_C}{dt^2} + \frac{R}{L}\frac{du_C}{dt} + \frac{1}{LC}u_C = \frac{1}{LC}u_i \qquad (3.14.4)$$

二阶网络标准化形成的微分方程是

$$\frac{d^2u_C}{dt^2} + 2\xi\omega_n\frac{du_C}{dt} + \omega_n u_C = \omega_n^2 u_i \qquad (3.14.5)$$

由式 (3.14.4) 和式 (3.14.5) 得

$$\omega_n = \frac{1}{\sqrt{LC}}, \xi = \frac{R}{L}\sqrt{\frac{C}{L}} \qquad (3.14.6)$$

由式 (3.14.6) 可知，改变 R、L、C，使电路分别处于 $\xi=0$，$0<\xi<1$，$\xi>1$ 三种状态。图 3-14-1~图 3-14-3 所示分别为过阻尼、欠阻尼、无阻尼三种情况下，$i_L(t)$、$u_C(t)$ 与 t 的曲线及 u_C 与 i_L 的状态轨迹。

状态变量是一些与储能直接有关的物理量，因为能量是不能突变的，所以状态变量一般也是不能突变的（除非能与可提供无穷大功率的立项能源相接），因而状态轨迹是一根连续的曲线。

用双踪示波器显示二阶网络状态轨迹的原理与显示李萨育图形完全一样。它采用

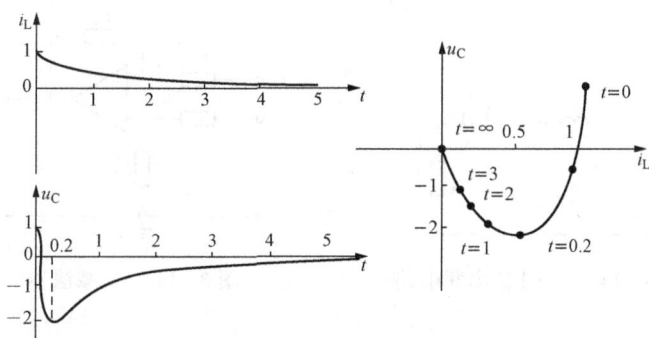

图 3-14-1　RLC 电路在过阻尼时的状态轨迹（$\xi > 1$）

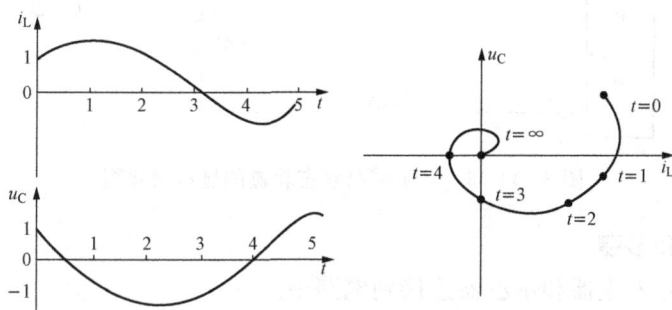

图 3-14-2　RLC 电路在欠阻尼时的状态轨迹（$0 < \xi < 1$）

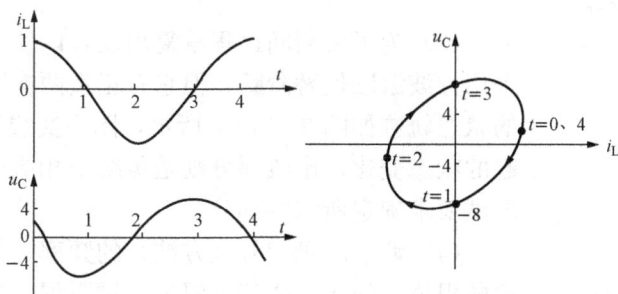

图 3-14-3　RLC 电路在 $R = 0$ 时的状态轨迹（$\xi = 0$）

图 3-14-4 所示的电路，用方波作为激励，使过渡过程能重复出现，以便于用一般示波器观察。示波器 X 轴应接 V_R，因为它与 I_L 成正比，而 Y 轴应接 V_C，但是由于这两个电压不是对同一零电位点的（无公共接地端），这就给测试工作带来了困难，为此采用图 3-14-5 所示的减法器。其输出电压为 $V_0 = R_2/R_1(V_2 - V_1)$。

若将 V_a、V_b 分别接至减法器的 V_2、V_1 处，则减法器输出 V_0 为 $V_a - V_b = V_c$，即电容两端电压，该电压与 V_R 有公共接地端，从而使状态轨迹的观察成为可能。

在此实验箱中，观察该状态轨迹则是采用一种简易的方法，如图 3-14-6 所示，由于电阻 R 的阻值很小，在 b 点电压仍表现为容性，一次电容两端电压分别引到示波器 X 轴和 Y 轴仍能显示电路的状态轨迹。

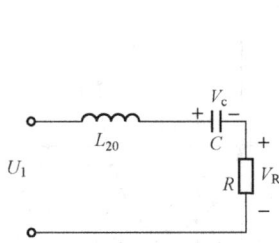

图 3-14-4　RLC 串联电路　　　　　　图 3-14-5　减法器

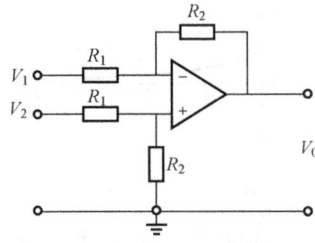

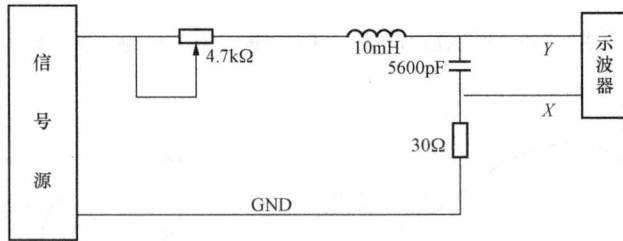

图 3-14-6　二阶网络状态轨迹的显示实验图

五、实验内容和步骤

（1）将函数信号发生器和示波器连接到电路中。

（2）选择函数信号发生器输出波形为方波，占空比为 50％，幅度峰峰值为 3V，且频率选择在 1kHz，观察方波波形是否正确。将示波器打到 X-Y 挡，观察图 3-14-6 中电路的状态轨迹，并记录下结果。

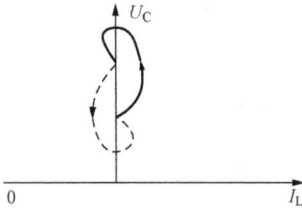

图 3-14-7　状态轨迹

（3）为了使瞬间过程重复出现，以便于用示波器观察，故采用方波激励代替阶跃，但它有正负两次跳变，因此所观察到的状态轨迹如图 3-14-7 所示，图中实线部分对应于正跳变引起的状态变化，虚线部分则是负跳变相应的状态变化，应根据测试要求确定所需的部分。

（4）调节激励信号（方波）的频率，并调节可调电阻到合适的阻值，使之工作于欠阻尼、过阻尼、临界阻尼状态，画出相应状态轨迹图。

（5）用万用表测量相应状态下的 R 值，记录二阶网络不同状态下的电路参数。

六、实验注意事项

1. 实验箱上电以前，应将箱内所有电源关闭。

2. 不要在未断开电源的情况下接线。

3. 测量电阻 R 时信号源要去掉。

七、实验思考题

1. 叙述二阶网络状态轨迹的测试方法。

2. 绘出所观察到的各种状态轨迹，与计算结果相比较，分析误差产生的原因。

3. 为何实测状态轨迹与理论状态轨迹不同？

八、实验报告要求

1. 叙述二阶网络状态轨迹的显示实验目的、实验仪器及设备、实验原理、实验内容和步骤（实验报告）。

2. 整理考核表中的实验数据，完成实验总结。

3. 将实验报告与考核表装订起来上交指导教师。

3.15 实验十五 双口网络参数的测量

一、实验目的

1. 加深理解双口网络的基本理论。

2. 掌握直流双口网络传输参数的测量技术。

二、实验仪器及设备

实验仪器及设备见表 3-15-1。

表 3-15-1　　　　　　　　　实验仪器及设备

序号	名　　　称	数量
1	电路原理实验箱 KHDL-1	1
2	直流可调稳压电源（0～30V、实验箱）	1
3	数字式毫安表（实验箱）	1
4	数字万用表	1

三、实验预习要求

1. 复习有关双口网络四个参数的基本理论。

2. 复习有关直流双口网络传输参数的测量方法。

4. 熟悉各种参数的物理意义。

5. 阅读实验教程，了解实验目的、实验仪器及设备、实验原理、实验内容和步骤，完成实验 3-15 考核表中的预习思考题。

四、实验原理

对于任何一个线性网络，我们所关心的往往只是输入端口和输出端口电压和电流间的相互关系，通过实验测定方法求取一个极其简单的等值双口电路来替代原网络，此即为"黑盒理论"的基本内容。

一个双口网络两端口的电压和电流四个变量之间的关系，可以用多种形式的参数方程来表示。本实验采用输出口的电压 U_2 和电流 I_2 作为自变量，以输入口的电压 U_1 和电流 I_1 作为应变量，所得的方程称为双口网络的传输方程，图 3-15-1 所示的无源线性双口网络（又称为四端网络）的传输方程为

$$\begin{cases} U_1 = AU_2 + BI_2 \\ I_1 = CU_2 + DI_2 \end{cases} \quad (3.15.1)$$

式（3.15.1）中的 A、B、C、D 为双口网络的传输参数，其值完全决定于网络的拓扑结构及各支

图 3-15-1 无源线性双口网络

路元件的参数值,这四个参数表征了该双口网络的基本特性,它们的含义是

$$A = \frac{U_{10}}{U_{20}}(令 I_2 = 0,即输出口开路时) \tag{3.15.2}$$

$$B = \frac{U_{1S}}{I_{2S}}(令 U_2 = 0,即输出口短路时) \tag{3.15.3}$$

$$C = \frac{I_{10}}{U_{20}}(令 I_2 = 0,即输出口开路时) \tag{3.15.4}$$

$$D = \frac{I_{1S}}{I_{2S}}(令 U_2 = 0,即输出口短路时) \tag{3.15.5}$$

由上可知,只要在网络的输入口加上电压,在两个端口同时测量其电压和电流,即可求出 A、B、C、D 四个参数,此即为双端口同时测量法。

若要测量一条远距离输电线构成的双口网络,采用同时测量法就很不方便,这时可采用分别测量法,即先在输入口加电压,而将输出口开路和短路,在输入口测量电压和电流,由传输方程可得

$$R_{10} = \frac{U_{10}}{I_{10}} = \frac{A}{C}(令 I_2 = 0,即输出口开路时) \tag{3.15.6}$$

$$R_{1S} = \frac{U_{1S}}{I_{1S}} = \frac{B}{D}(令 U_2 = 0,即输出口短路时) \tag{3.15.7}$$

然后在输出口加电压测量,而将输入口开路和短路,此时可得

$$R_{20} = \frac{U_{20}}{I_{20}} = \frac{D}{C}(令 I_1 = 0,即输入口开路时) \tag{3.15.8}$$

$$R_{2S} = \frac{U_{2S}}{I_{2S}} = \frac{B}{A}(令 U_1 = 0,即输入口短路时) \tag{3.15.9}$$

R_{10}、R_{1S}、R_{20}、R_{2S} 分别表示一个端口开路和短路时另一端口的等效输入电阻,这四个参数中有三个是独立的 $\left(\dfrac{R_{10}}{R_{20}} = \dfrac{R_{1S}}{R_{2S}} = \dfrac{A}{D}\right)$,即 $AD - BC = 1$。

至此,可求出四个传输参数

$$A = \sqrt{R_{10}/(R_{20} - R_{2S})}, B = R_{2S}A, C = A/R_{10}, D = R_{20}C \tag{3.15.10}$$

双口网络级联后的等效双口网络的传输参数也可采用前述的方法之一求得。从理论推得两双口网络级联后的传输参数与每一个参加级联的双口网络的传输参数之间有如下的关系

$$A = A_1A_2 + B_1C_2 \qquad B = A_1B_2 + B_1D_2$$
$$C = C_1A_2 + D_1C_2 \qquad D = C_1B_2 + D_1D_2 \tag{3.15.11}$$

五、实验内容和步骤

双口网络实验线路如图 3-15-2 所示。

将直流稳压电源输出电压调至 10V,作为双口网络的输入。

(1) 按同时测量法分别测定两个双口网络的传输参数 A_1、B_1、C_1、D_1 和 A_2、B_2、C_2、D_2,将测量结果填入实验 3-15 考核表中,并列出它们的传输方程。

(2) 将两个双口网络级联后,用两端口分别测量法测量级联后等效双口网络的传输参数 A、B、C、D,将测量结果填入实验 3-15 考核表中,并验证等效双口网络传输参数与级联的两个双口网络传输参数之间的关系。

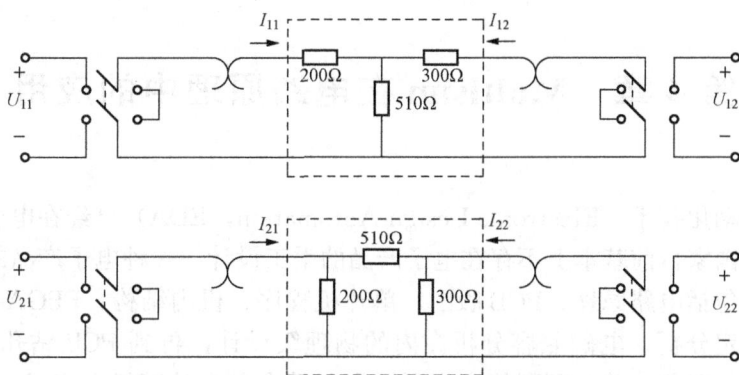

图 3-15-2 双口网络实验线路

六、实验注意事项

1. 用电流插头、插座测量电流时，要注意判别电流表的极性及选取适合的量程（根据所给的电路参数，估算电流表量程）。

2. 两个双口网络级联时，应将一个双口网络 I 的输出端与另一双口网络 II 的输入端连接。

七、实验思考题

1. 试述双口网络同时测量法与分别测量法的测量步骤、优缺点及其适用情况。

2. 本实验方法可否用于交流双口网络的测定？

3. 双口网络的参数为何与外加电压或流过网络的电流无关？

八、实验报告要求

1. 叙述一阶电双口网络参数的测量实验目的、实验仪器及设备、实验原理、实验内容和步骤（实验报告）。

2. 整理考核表中的实验数据，完成实验总结。

3. 将实验报告与考核表装订起来上交指导教师。

第4章　Multisim 在电路原理中的应用

电子设计自动化技术（Electronic Design Automation，EDA）已经在电子设计领域得到广泛应用。发达国家目前基本上不存在电子产品的手工设计。一种电子产品的设计过程，从概念的确立，到包括电路原理、PCB 版图、单片机程序、机内结构、FPGA 的构建及仿真、外观界面、热稳定分析、电磁兼容分析在内的物理级设计，再到 PCB 钻孔图、自动贴片、焊膏漏印、元器件清单、总装配图等生产所需资料等全部在计算机上完成。EDA 技术借助计算机存储量大、运行速度快的特点，可对设计方案进行人工难以完成的模拟评估、设计检验、设计优化和数据处理等工作。EDA 已经成为集成电路、印制电路板、电子整机系统设计必不可少的技术手段。

美国 NI 公司（美国国家仪器公司）的 Multisim 软件就是一款很好的电路分析与仿真的EDA 软件，而且 Multisim 计算机仿真与虚拟仪器技术 LabVIEW 8（美国 NI 公司的产品）可以很好地解决理论教学与实际动手实验相脱节的这一难题。学生可以很好地、很方便地把刚刚学到的理论知识用计算机仿真真实地再现出来，可以极大地提高学生的学习热情和积极性，能够真正地做到变被动学习为主动学习。这些在教学活动中已经得到了很好的体现。还有很重要的一点就是：计算机仿真与虚拟仪器对教师的教学也是一个很好的提高和促进。

Multisim 是以 Windows 为基础的仿真工具，适用于板级的模拟/数字电路板的设计工作，其基本工作界面如图 4-1 所示。它包含了电路原理图的图形输入、电路硬件描述语言（VHDL）输入方式，具有丰富的仿真分析能力。

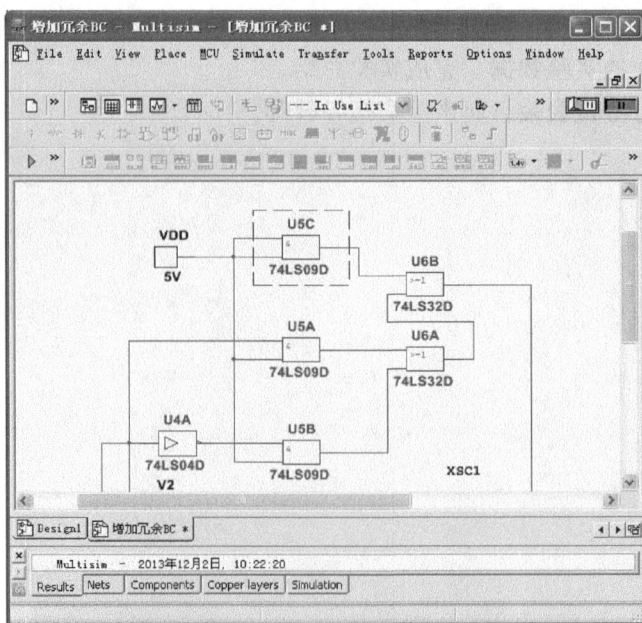

图 4-1　Multisim 的基本工作界面

工程师们可以使用 Multisim 交互式地搭建电路原理图，并对电路进行仿真。Multisim 提炼了 SPICE 仿真的复杂内容，使工程师无需懂得深入的 SPICE 技术就可以很快地进行捕获、仿真和分析新的设计，这也使其更适合电子学教育。通过 Multisim 和虚拟仪器技术，PCB 设计工程师和电子学教育工作者可以完成从理论到原理图捕获与仿真再到原型设计和测试这样一个完整的综合设计流程。

电路原理是电气工程、电子工程、信息工程、控制工程等领域的一门重要基础课程，是电子工程及信息类等专业本科生必修的基础学科。在 Multisim 仿真环境中，适用在电路原理中的典型电路有很多，如戴维南定理电路、最大功率传输定理电路、一阶电路、二阶电路、三相电路、二端口电路、电源电路等。本章通过对各种原理电路的仿真分析，使读者学会在 Multisim 环境中创建基础电路、仿真并观测仿真结果，以便加深对电路理论知识的理解和电路原理的分析。

本部分内容共 5 节，包括直流电路部分的叠加定理、戴维南定理、诺顿定理、最大功率传输定理；动态电路的一阶电路、二阶电路以及三相电路、二端口电路、电源电路等的仿真分析内容。根据直流电路、动态电路、三相电路、二端口电路的内容选择了部分典型电路，给出了详细的仿真分析方法和结果。

4.1　直流电路的仿真分析

直流电路是电路中常见的一种典型基础电路。电源为直流电压源或者直流电流源的电路是直流电路。本节包括叠加定理、戴维南定理、诺顿定理以及最大功率传输定理电路的仿真分析，它们都是电路分析和电力电子线路中典型而又重要的内容。叠加定理和戴维南定理等是分析线性电路的重要工具，可以简化电路，方便电路的分析和计算。

4.1.1　叠加定理

叠加定理的内容是：对于含有多个电源的线性电路，任何一条支路上的电流或者电压，都可以看成由各个独立电源单独作用时，在该支路中所产生的电流或者电压的代数和。它是线性电路的一个重要定理，反映了线性电路的叠加性和比例性，这个定理为分析和计算复杂电路提供了简单有效的方法。

在应用叠加定理时，若某一个独立电源单独作用，要注意其他电源的处理，要将电路中其他的独立电源置零处理。其中，电压源必须短路，电流源必须断路，但是电路中的电阻和受控源需要保留，不能置零。

利用 Multisim 验证叠加定理的电路图如图 4 - 1 - 1 所示，所有信号源共同作用时的电压为 17V，以下将分别求出两组信号源分别作用时的电压值以验证叠加定理。

在进行测试的时候，首先让 6V 电压源、12V 电压源和 2A 电流源作为一组单独作用，如图 4 - 1 - 2 所示，观察电压表表的输出读数为 8V。

同理，让 3A 电流源单独作用，电路和仿真结果如图 4 - 1 - 3 所示。

上面测试的是电压的叠加定理，电流的叠加定理测试方法和电压的叠加定理测试方法一致，在此不再做详细介绍。在应用叠加定理时，也可以分别让每个独立电源单独作用，或者分组作用，最后的结果都是一样的。

在电路分析时经常遇到另一种类型的电源，电压源的电压或者电流源的电流由电路中其

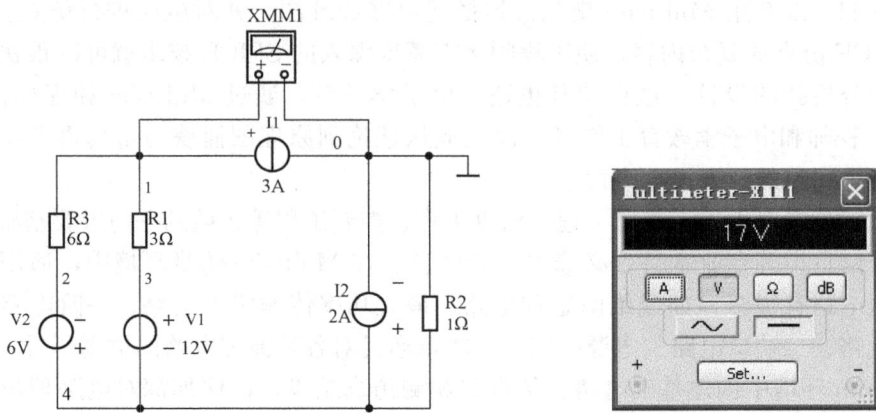

图 4-1-1　叠加定理测试电路图及电压表读数

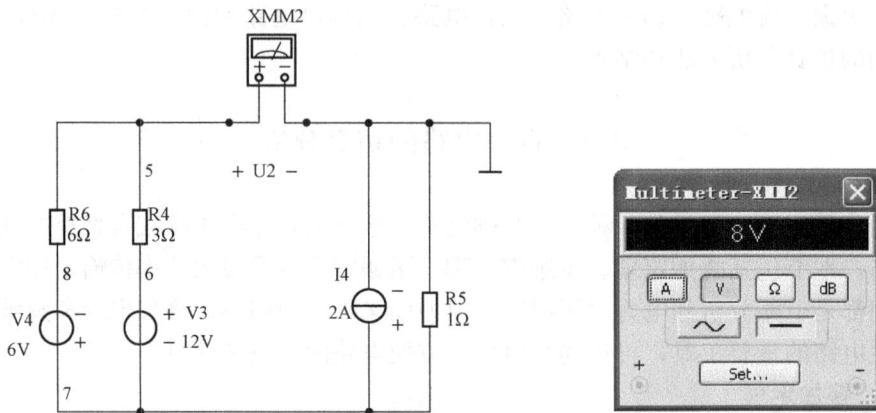

图 4-1-2　三电源单独作用测试电路图及电压表读数

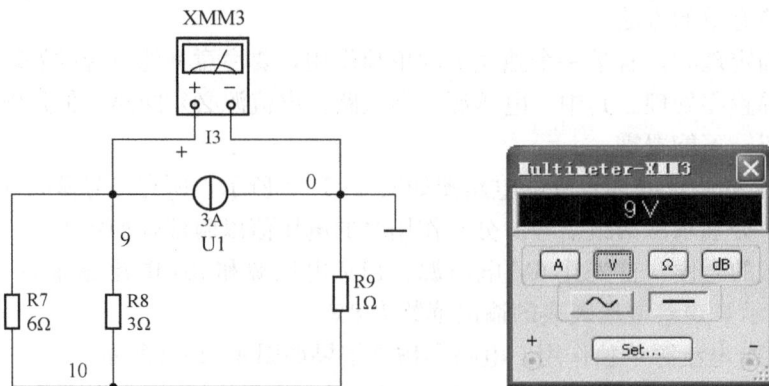

图 4-1-3　3A 电流源单独作用测试电路图及电压表读数

他支路或元件的电流或电压控制，这种电源称为受控电压源或者受控电流源，也称为非独立电压源或非独立电流源（统称非独立电源）。非独立电源与独立电源不同之处表现为，非独立电源的电压或电流受其他电压或者电流的约束，它仅描述了电路中支路或元件电压和电流之间的关系，由于控制量只有电压或电流两种物理量，因此受控电压源有电压控制的电压源和电流控制的电流源两种类型。受控电流源也有电压控制的电流源和电流控制的电流源两种类型。

在对含有受控源的电路应用叠加定理的时候，只能对各个独立电源单独作用的结果进行叠加，即当某一个独立电源单独作用的时候，其他独立电源的电压或者电流都应该置零，但受控源则应保留在电路内，不能单独作用，也不能做开路或短路处理。读者在进行仿真时应多加注意。

4.1.2　戴维南定理和诺顿定理

在电路分析中，戴维南定理和诺顿定理是很重要的内容，可以用来简化电路，以方便电路的分析和计算。戴维南定理的内容为：任何一个线性含源一端口网络，对外电路来说，可以用一条含源支路来等效替代，该含源支路的电压源电压等于含源一端口网络的开路电压 U_{oc}，其电阻等于含源一端口网络化成无源网络后的输入电阻 R_{in}，上述电压源和电阻的串联组合称为戴维南等效电路。用戴维南等效电路把含源一端口网络替代后，对外电路的求解没有任何影响，即外电路的电压和电流仍然等于替代前的值。

应用电压源与电阻串联和电流源与电阻并联的等效变换，可以推出等效电源定理的另一种表达形式，即诺顿定理。诺顿定理的内容为：一个线性含源一端口网络的对外作用，可以用一个电流源和电导的并联组合来替代。其等效电流源的电流等于此含源一端口网络的短路电流，而其等效电导等于把含源一端口网络内部各独立源置零后所得到的无源网络的等效电导。

戴维南定理测试的电路如图 4-1-4 所示，此时，功率表的测试结果为 11.588W。

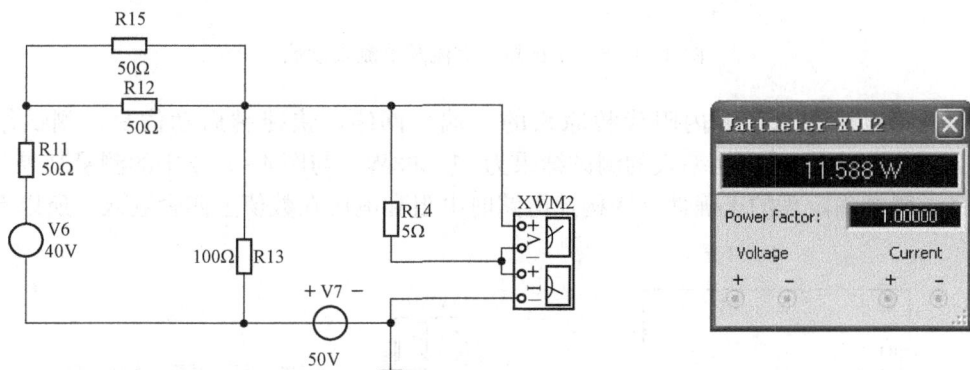

图 4-1-4　戴维南定理测试电路及功率表读数

首先测试开路电压 U_{oc}，把图 4-1-4 中功率表测试的支路断开，则此时的电路为有源二端网络。在有源二端网络的端口处接入电压表，启动仿真，即可测得开路电压为 22.857V，结果如图 4-1-5 所示。

测试了开路电压之后，下面来测试电压源内阻。测试的方法是测量诺顿电路的短路电流 I_S，然后利用戴维南电路中的开路电压 U_{oc} 和诺顿电路中的短路电流 I_S 的比值来计算电压源

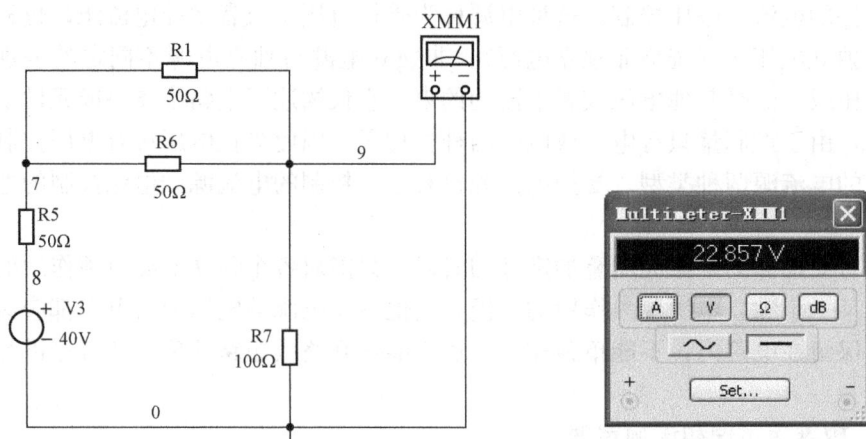

图 4-1-5　戴维南开路电压及电压表读数

内阻 R，诺顿电路的短路电流测量结果如图 4-1-6 所示，此时功率表的测试结果为 533.333mA，计算得到电压源的内阻为 42.88Ω。

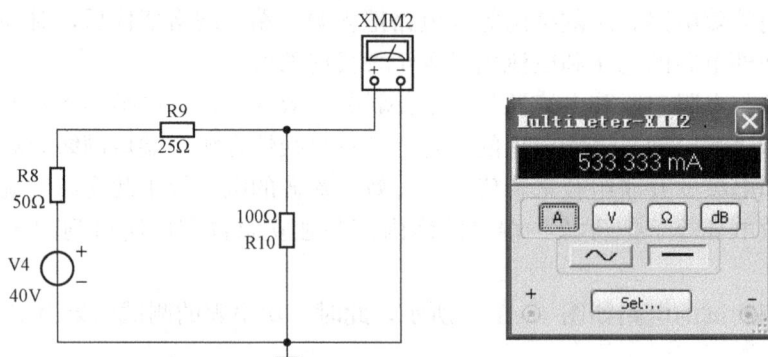

图 4-1-6　诺顿短路电流及电流表读数

利用开路电压和电压源内阻代替原来的二端口网络，快捷键启动仿真，测试结果如图 4-1-7 所示。可以看到功率表的测试结果为 11.293W，与图 4-1-4 中的测量结果基本一致，验证了戴维南定理的正确性（因构造电路时电阻和电压在数值上四舍五入，所以有微弱误差）。

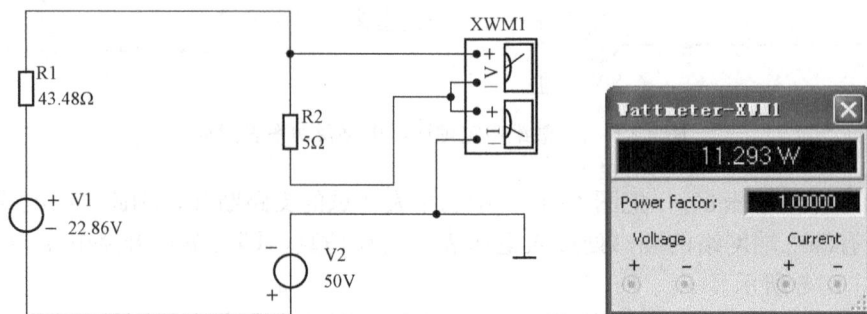

图 4-1-7　戴维南定理验证电路及功率表读数

同理，利用短路电流和电流源内阻代替原来的二端网络。按下快捷键启动仿真，测试结果应该和戴维南定理验证结果相同，请读者自行验证。

4.1.3　最大功率传输定理

一个含源线性一端口电路，当所接负载不同时，一端口电路传输给负载的功率就不同，讨论负载为何值时能从电路获得最大功率，以及最大功率的值是多少的问题是有工程意义的。根据戴维南定理和诺顿定理可知，当端口电路所接负载大小和端口电路的等效电阻相同时，可以获得最大功率。

按照最大功率的理论分析，当滑动变阻器（负载）的电阻值与戴维南电路模型的内阻相等时，负载可获得最大功率，也就是负载阻值等于 29Ω 时，负载可以获得最大功率。如图 4-1-8 所示，这里测量得到的最大功率为 114.279mW，当负载阻值不等于 29Ω 时，功率都小于 258W，说明负载在 29Ω 时获得最大功率，从而验证了负载获得的最大功率的条件。在图 4-1-9 中，断开电键 S3 后，可用电压表测量出开路电压；同时断开电键 S2、S3 后可以测量等效电阻，进而构造戴维南等效电路，求出最大功率。由于测量方法和前面戴维南定理以及诺顿定理中的方法相同，这里不再赘述。

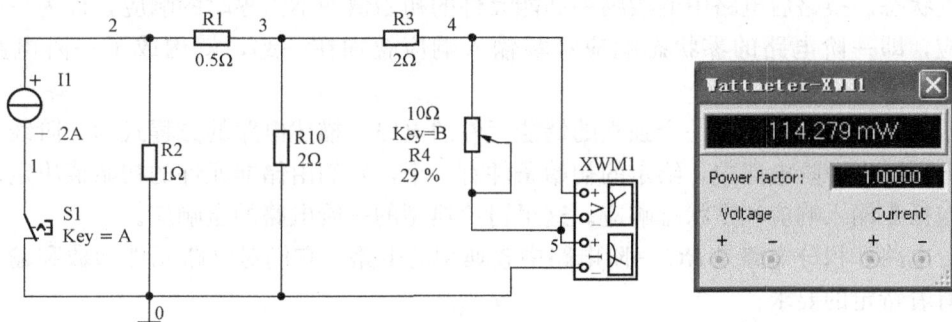

图 4-1-8　最大传输功率定理验证电路及功率表读数

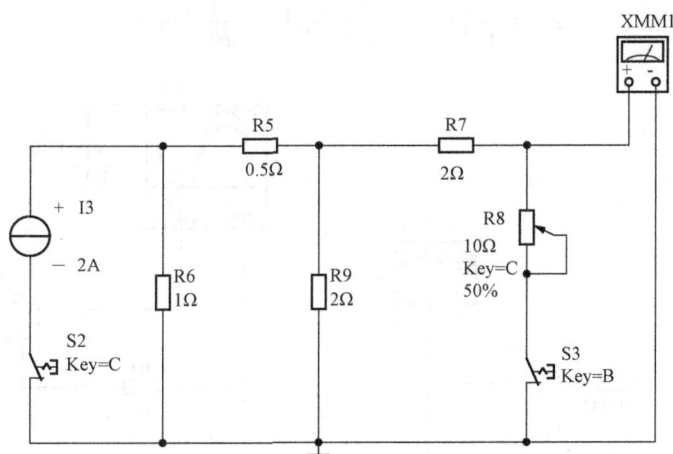

图 4-1-9　开路电压、短路电流测量电路

4.2 动态电路的仿真分析

直流电路是在电路达到稳定状态下进行分析的，简称稳态。电路从一种状态过渡到另一种稳态，一般不是立刻完成的，而是需要一个过程，这一过程在工程上被称为过渡过程。如果电路中含有储能元件电容、电感，当电路的结构改变或者元件参数变化时（也叫换路），电路就会出现过渡过程，也就是电路的动态过程。一阶电路和二阶电路是动态电路的典型电路，两种电路的动态响应都包括零状态响应和零输入响应。本节包括一阶电路和二阶电路的仿真分析，它们是动态电路中两种典型而又重要的内容。

4.2.1 一阶电路

只含有一个等效储能元件（电感和电容）的电路是一阶电路。如果电路的输入为零，即无外加激励，此时响应仅仅是由初始储能引起的，则称为一阶电路的零输入响应。零输入响应是一种放电状态。而如果电路中储能元件的初始值为零，即电感初始电流和电容的初始电压等于零，仅由外加激励引起的响应，则称为一阶电路的零状态响应。显然，零状态响应是一种充电状态。换路后电路中的激励和储能元件的初始值均不为零时的响应，称为一阶电路的全响应，即一阶电路的零状态响应和零输入响应叠加在一起，就构成了一阶电路的全响应。

一阶动态电路是只含有一个独立的储能元件的电路，描述电路的方程式为一阶线性常系数微分方程。在一阶电路中，给定的初始条件有一个，它们由储能元件的初始值决定。其动态方程包括零输入响应和零状态响应。这里讨论典型的一阶电路的全响应。

微分电路和积分电路是 RC 一阶电路中较典型的电路，它们对电路元件参数和输入信号的周期有着特定的要求。

首先在 Multisim 平台上建立如图 4-2-1 所示的 RC 一阶电路，并接好函数信号发生器 XFG1 和示波器 XSC1。在图 4-2-2 电路中

$$u_C = \frac{1}{C}\int i\,dt = \frac{1}{C}\int \frac{u_R}{R}\,dt = \frac{1}{RC}\int u_R\,dt \qquad (4.2.1)$$

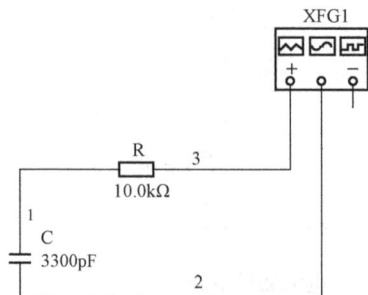

图 4-2-1 一阶电路

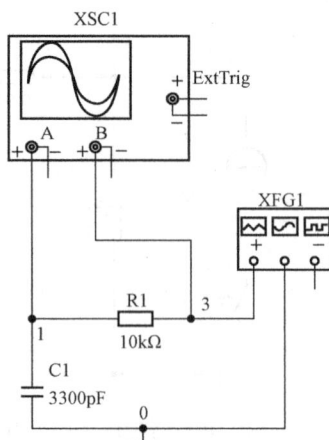

图 4-2-2 一阶积分仿真电路

当电路的时间常数 $\tau = RC$ 很大，且 $u_R \geqslant u_C$ 时，函数信号发生器输入电压 u_S 与电阻电压 u_R 近似相等，即 $u_S = u_R$，故 $u_C = \dfrac{1}{RC}\int u_R \mathrm{d}t \approx \dfrac{1}{RC}\int u_S \mathrm{d}t$，即电容上输出电压 u_C 近似与信号发生器输入电压 u_S 的积分成正比，所以电路为积分电路。取 $R = 10\mathrm{k}\Omega$，$C = 3300\mathrm{pF}$，则 $\tau = 0.033\mathrm{ms}$。输入信号电压 u_S 由函数信号发生器提供幅度为 3V、频率为 1.1kHz、占空比为 50% 的方波，打开仿真开关，双击示波器的图标，得到如图 4-2-3 所示波形，其中 A 通道为输入的方波信号 u_S，B 通道为输出响应 u_C 的波形，从波形比较看，仿真结果与理论分析基本一致。其中在仿真过程中，当 R 值一定时，不断增加 C 的值，如图 4-2-4 和

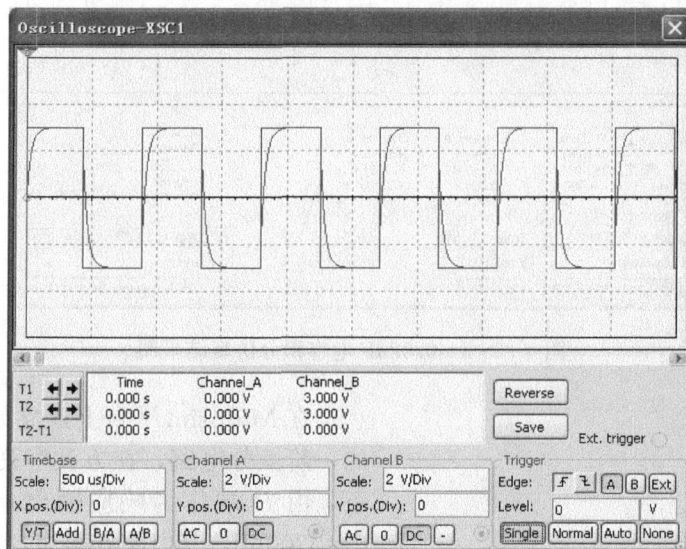

图 4-2-3　3300pF 电容积分仿真结果图

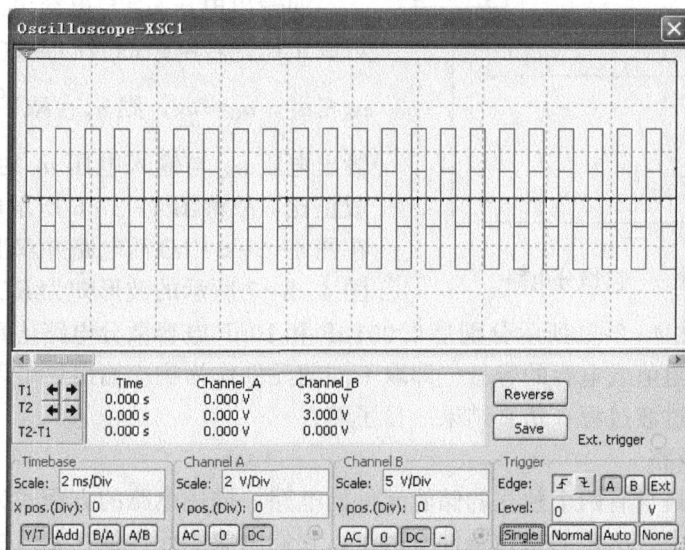

图 4-2-4　10pF 电容积分仿真结果图

图4-2-5分别是电阻阻值固定，电容分别为10pF和0.02μF的积分电路输出波形，通过对比可以看出，随着时间常数τ不断增加，可以使该电路近似成为一积分电路。

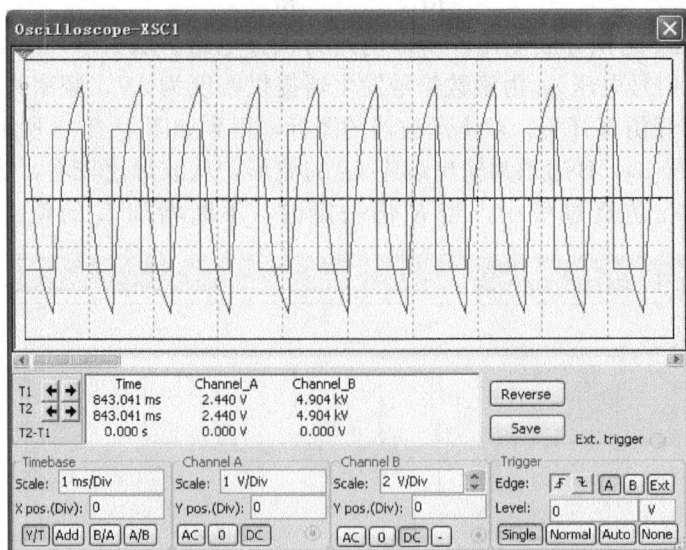

图4-2-5 0.02μF电容积分仿真结果图

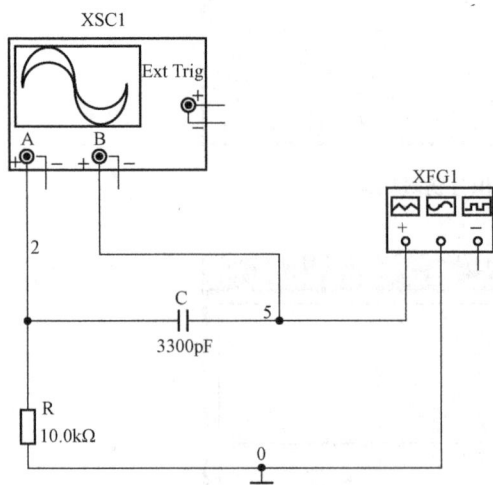

图4-2-6 一阶微分电路

在Multisim平台上建立如图4-2-6所示的一阶微分电路，在方波序列脉冲的重复激励下，由R端作为响应输出，其中$R=10k\Omega$，$C=3300pF$，其电路方程为

$$u_R=Ri=RC\frac{du_C}{dt} \tag{4.2.2}$$

即输出电压u_R与电容电压u_C对时间的导数成正比。若电路的时间常数满足$\tau=RC\geqslant T$，$u_R\leqslant u_C$，$u_C\approx u_S$，则$u_R=RC\frac{du_C}{dt}\approx RC\frac{du_S}{dt}$，即输出电压$u_R$与输入电压$u_S$对时间的导数近似成正比，故称图4-2-6所示电路为微分电路。在图4-2-6中激活电路并双击示波器，得到如图4-2-7所示的波形即为RC微分过渡过程波形。图4-2-8和图4-2-9所示分别是0.001μF和10pF电容微分电路仿真结果。显然通过改变电路中电阻的阻值或电容的容量，即取不同的元件作为响应输出，可以分别观察到微分电路和积分电路的过渡过程，仿真结果一目了然。

4.2.2 二阶电路

二阶动态电路是含有两个独立的储能元件的电路，描述电路的方程式为二阶线性常微分方程。在二阶电路中，给定的初始条件有两个，它们由储能元件的初始值决定。其动态方程包括零输入响应和零状态响应。这里讨论典型的二阶电路RLC串联电路的动态过程。一个二阶电路在方波正、负阶跃信号的激励下，可获得零状态与零输入响应，其响应的变化轨迹

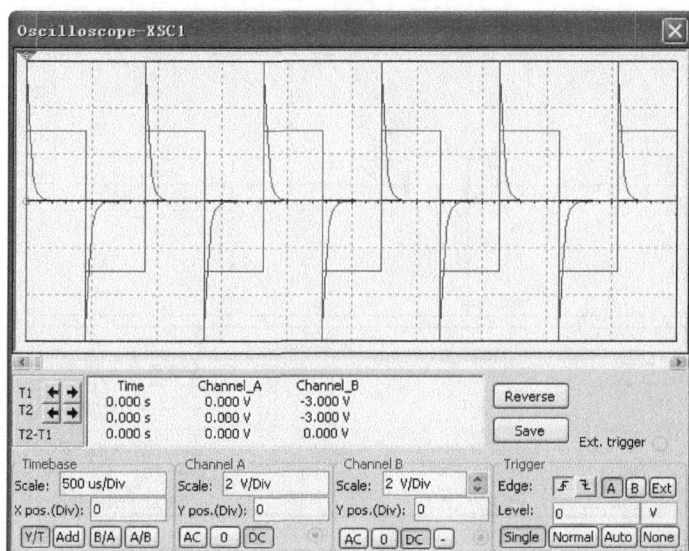

图 4 - 2 - 7　3300pF 电容微分仿真结果图

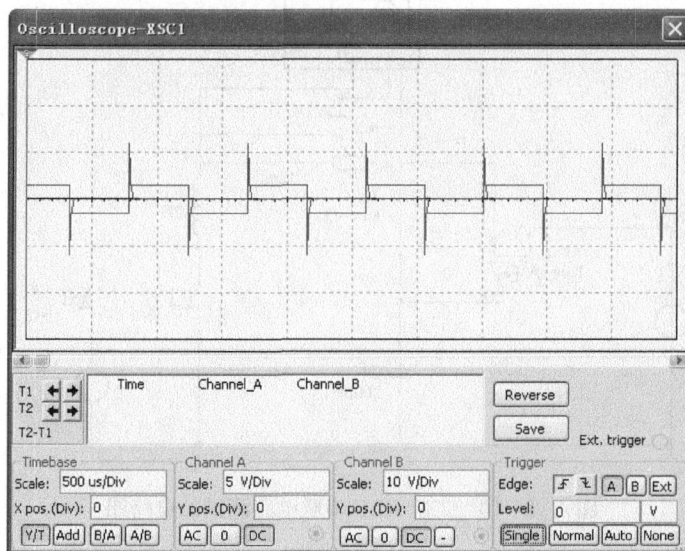

图 4 - 2 - 8　0.001μF 电容微分仿真结果图

决定于电路的固有频率，当调节电路的元件参数值，使电路的固有频率分别为负实数、共轭复数及虚数时，可获得单调地衰减、衰减振荡和等幅振荡的响应。在实验中可获得过阻尼、欠阻尼和临界阻尼这三种响应图形。

二阶 RLC 串联电路测试的电路图如图 4 - 2 - 10 所示。

首先把开关 S1 切换到左触点，让电容充电，获得初始能量，此时开关 S2 闭合，S3 断开；再将开关 S1 切换到右触点，用示波器观察电容和电感的充放电过程。改变电位器 R1 的滑动触点位置，便可以通过示波器观察到二阶电路的三种过渡过程。

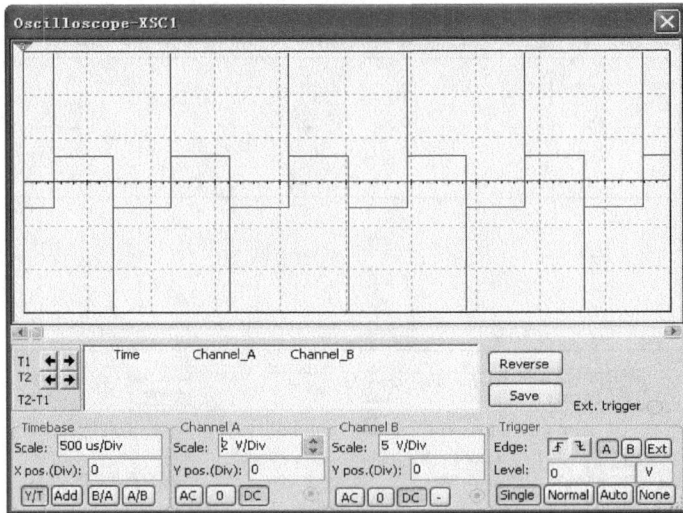

图 4 - 2 - 9　10pF 电容微分仿真结果图

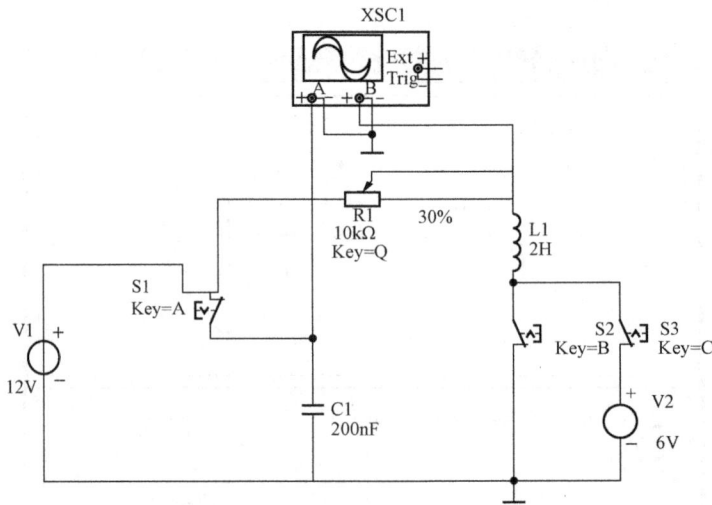

图 4 - 2 - 10　二阶 RLC 串联电路测试的电路图

（1）当 $R > 2\sqrt{\dfrac{L}{C}}$ 时，放电过程为过阻尼的非振荡放电过程，示波器输出的波形如图 4 - 2 - 11 所示。

由图 4 - 2 - 11 可以看到，电容电压 u_C 始终不改变方向，表明电容在整个过程中一直释放所存储的电能。电感电压 u_L 的波形在整个过程中改变了一次方向，当 u_L 大于零时，表明电感吸收了能量，形成了磁场；当 u_L 小于零时，表明电感释放能量，磁场逐渐衰减，趋向于消失。整个过程完毕时，电容和电感的电压均为零，电容存储的初始能量全部被电阻消耗。

（2）当 $R = 2\sqrt{\dfrac{L}{C}}$ 时，电路的状态为临界阻尼状态，此时的放电过程仍然为非振荡放电过程，示波器输出的波形如图 4 - 2 - 12 所示。

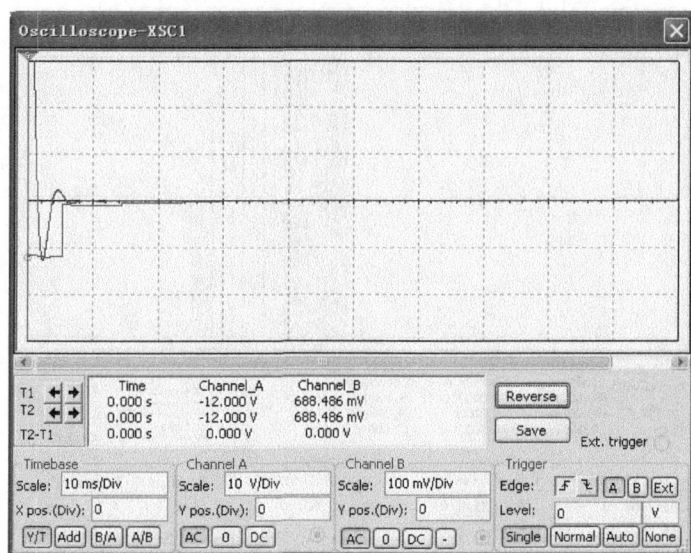

图 4 - 2 - 11　*RLC* 过阻尼振荡波形图

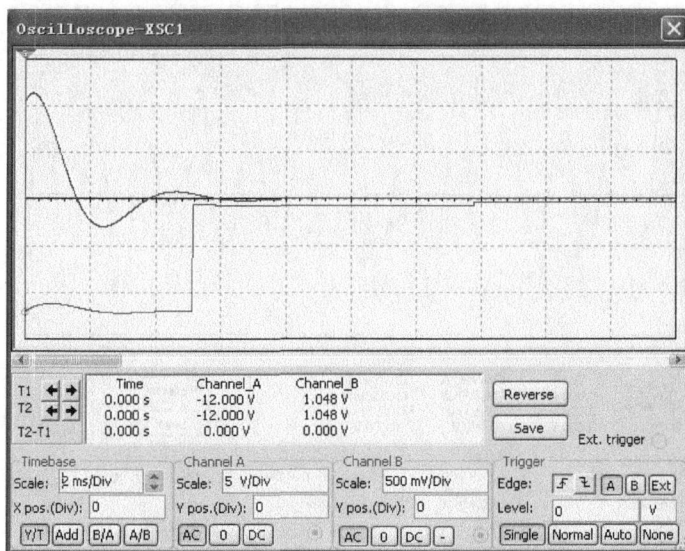

图 4 - 2 - 12　*RLC* 临界阻尼振荡波形图

（3）当 $R<2\sqrt{\dfrac{L}{C}}$ 时，电路的状态为欠阻尼状态，此时的放电过程为振荡放电过程，示波器输出的波形如图 4 - 2 - 13 所示，u_C 的波形呈现衰减振荡的形状，在整个过程中，它们周期性地改变方向，储能元件 L、C 周期性地交换能量。

（4）当 $R=0$ 时，放电过程为等幅振荡过渡过程，示波器输出的波形如图 4 - 2 - 14 所示。该波形表明电感、电容交替地存储能量和释放能量。

二阶电路在阶跃输入下的零状态响应称为阶跃响应，这时，两个独立的初始条件均为零，表明电路原来没有存储电磁能量。

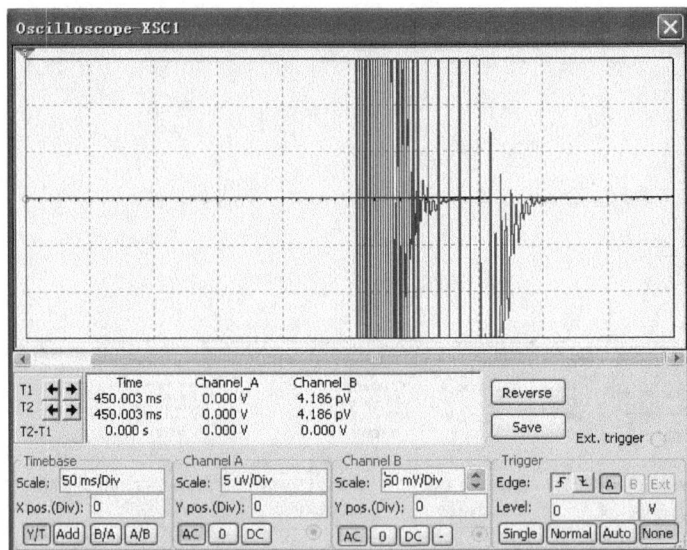

图 4 - 2 - 13　RLC 欠阻尼振荡波形图

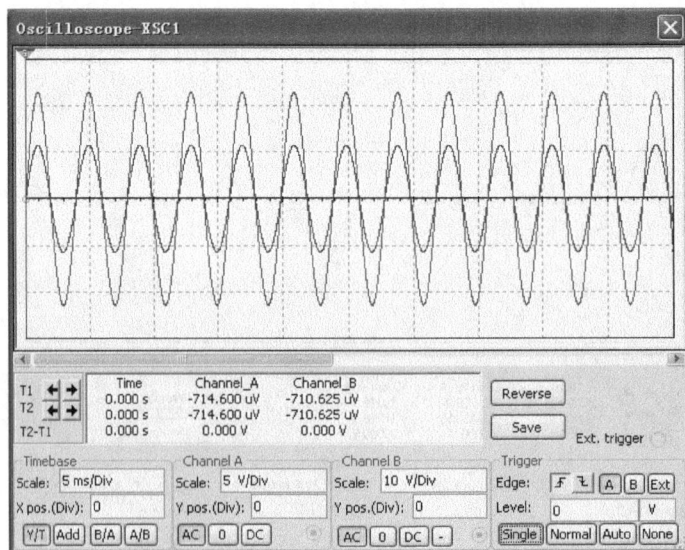

图 4 - 2 - 14　电阻为零时波形图

4.3　三相电路的仿真分析

目前，世界各国的电力系统中电能的生产、传输和供电方式绝大多数都采用三相制。三相电路用来发电、传输和分配大功率电能，三相交流电远距离输送在 19 世纪末得到实现后，得到了很大的发展。它主要是由三相电源、三相负载和三相输电线路三部分组成。在输电方面，三相制比单相制节约材料；在配电方面，三相变压器比单相变压器经济效益高，便于接入三相和单相两种负载；在用电设备方面，三相电动机具有结构简单、维护方便、价格便宜、运行可靠以及性能好等优点。

三相电压源由三相发电机产生，发电机由三个缠绕在定子上的独立绕组构成，每个绕组即为发电机的一相。对称三相电源是由三个频率相同、幅值相等、相位彼此相差120°的正弦电压源连接成星形（Y）或三角形（△）组成的电源。这三个电源依次称为 A 相、B 相和 C 相，它们的电源瞬时表达式及其相量分别为

$$u_A = \sqrt{2}U\cos(\omega t) \qquad\qquad \dot{U}_A = U\angle 0°$$

$$u_B = \sqrt{2}U\cos(\omega t - 120°) \qquad \dot{U}_B = U\angle -120° = a^2\dot{U}_A$$

$$u_C = \sqrt{2}U\cos(\omega t + 120°) \qquad \dot{U}_C = U\angle 120° = a\dot{U}_A$$

本例中电源的幅值均为 120V，频率为 50Hz。

4.3.1　线电压的仿真测试

图 4-3-1 所示是三相电的 Y 形连接，三个电源的末端连接为公共节点 N，称为中点。由中点引出的线称为中线（地线），由始端 a、b、c 分别引出的线称为端线（火线）。端线与中线之间的电压为相电压 $\dot{U}_A$、$\dot{U}_B$、$\dot{U}_C$（或 $\dot{U}_{AN}$、$\dot{U}_{BN}$、$\dot{U}_{CN}$）；各个端线之间的电压称为线电压 $\dot{U}_{AB}$、$\dot{U}_{BC}$、$\dot{U}_{CA}$。对于对称星形电源，依次设其线电压为 $\dot{U}_{AB}$、$\dot{U}_{BC}$、$\dot{U}_{CA}$，相电压为 $\dot{U}_A$、$\dot{U}_B$、$\dot{U}_C$（或 $\dot{U}_{AN}$、$\dot{U}_{BN}$、$\dot{U}_{CN}$），根据 KVL，有

$$\dot{U}_{AB} = \dot{U}_A - \dot{U}_B = (1 - a^2)\dot{U}_A = \sqrt{3}\dot{U}_A\angle 30°$$

$$\dot{U}_{BC} = \dot{U}_B - \dot{U}_C = (1 - a^2)\dot{U}_B = \sqrt{3}\dot{U}_B\angle 30°$$

$$\dot{U}_{CA} = \dot{U}_C - \dot{U}_A = (1 - a^2)\dot{U}_C = \sqrt{3}\dot{U}_C\angle 30°$$

创建如图 4-3-2 所示的测试电路，可以通过图 4-3-3 看出仿真测试的线电压 $\dot{U}_{AB}$、$\dot{U}_{BC}$、$\dot{U}_{CA}$ 均为 207.846V，与理论上的计算完全吻合。

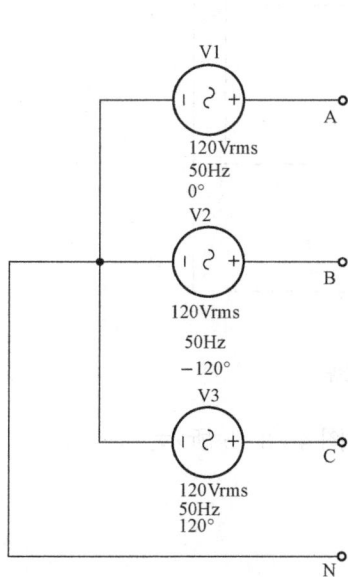

图 4-3-1　三相电源电路　　　　　　图 4-3-2　三相电源线电压测试电路

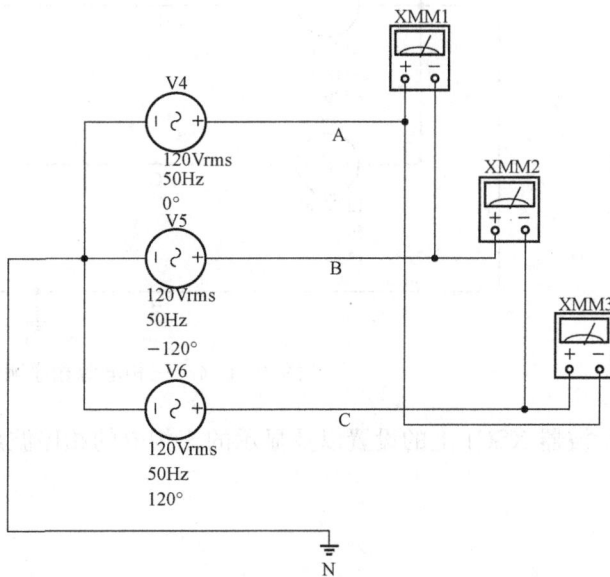

图 4 - 3 - 3   三相电源电压读数

4.3.2   测量三相电相序

在三相电路的实际应用中，有时需要能正确判别三相电源的相序。各相电压依次达到最大值的先后次序称为相序（Phase Sequence）。三相电压的相序（次序）A、B、C 称为正序系统（Positive Sequence）或顺序系统。与此相反，如 B 相超前 A 相 120°，C 相超前 A 相 120°，这种相序称为负序系统（Negative Sequence）或逆序系统。在电力系统中通常采用正序。如图 4 - 3 - 1 所示的三相电源，假设原来不知道其相序，Multisim 的环境下可以通过观察如图 4 - 3 - 4 所示的电路中的示波器 XSC1 上的波形来确定。在图 4 - 3 - 5 中，蓝色为 A 相，绿色为 B 相，红色为 C 相，它们彼此之间相差 120°。

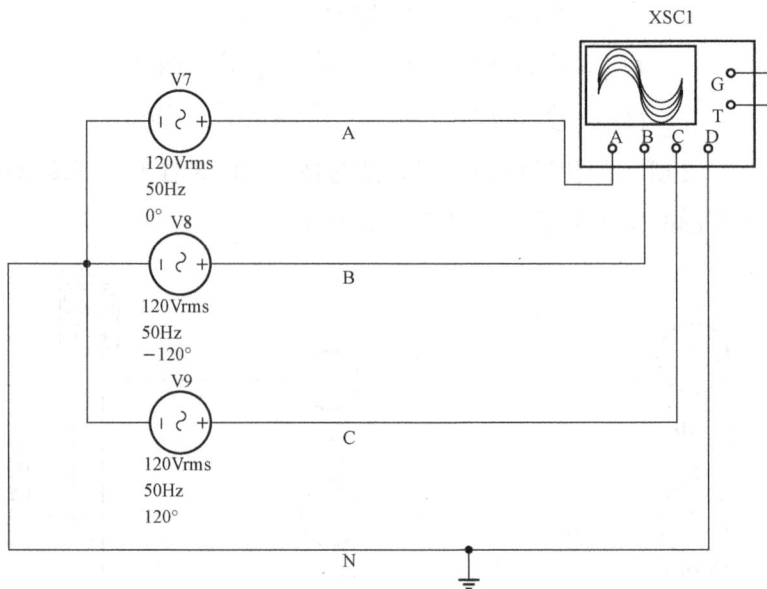

图 4 - 3 - 4   三相电源相序测试电路

示波器 XSC1 上的设置以及显示的三相电的相序波形如图 4 - 3 - 5 所示。

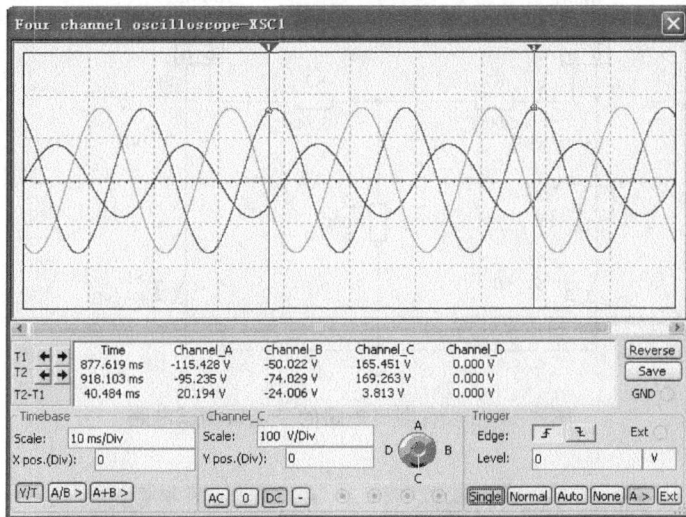

图 4-3-5　三相电源相电压波形

4.4　二端口电路的仿真分析

随着集成电路技术的发展，越来越多的实用电路被集成在一小块芯片上，经封装后对外伸出若干端钮，这犹如将整个电路装在一个"黑盒"内，使用时将这些端钮与其他网络（电源或是负载）作相应连接即可。一般来说，若网络对外伸出 n 个端钮，则称为 n 端网络。若网络的一对端钮满足下面的条件：从一个端钮流入的电流等于从另一个端钮流出的电流，则称该对端钮为网络的一个端口。上述条件称为端口条件。在电子技术中，多端网络和多端口网络都有应用，但双口网络（也称二端口网络）的应用更为普遍。二端口网络在电路分析中的一个主要内容是寻求端口处的电压和电流的关系。二端口网络中共有 $\dot{U}_1$、$\dot{I}_1$、$\dot{U}_2$、$\dot{I}_2$ 四个变量。二端口网络的内部只要有四个约束关系就可以确定上述的四个变量。在这两个约束关系中，可以取四个变量中的任意两个作为自变量，另外两个作为因变量。自变量的取法不同，得到的网络参数也不同。常见的有 Z、Y、T、H 四种参数。举例说明，对如图 4-4-1 所示的二端口网络测定 Y 参数。

图 4-4-1 是模拟测试二端口电阻网络（由 R1、R2、R3 组成）的 Y 参数电路图。在左边端口 1-1（R2-R1 端）施加电源 $U_1 = 12\mathrm{V}$，将右边端口 2-2（R3-R1 端）短路，用万用表 XMM 直流挡测量左端口电流 I_1 和右端口电流 I_2。测量的电流数值如图 4-4-2 所示。由图 4-4-2 所示的测量读数可以计算得到

$$Y_{11} = I_1/U_1 = 43.636 \times 10^{-3}/12 = 3.636 \times 10^{-3}(\mathrm{S})$$
$$Y_{21} = I_2/U_1 = 10.909 \times 10^{-3}/12 = 0.909 \times 10^{-3}(\mathrm{S})$$

图 4-4-3 是在端口 2-2（R3-R1 端）施加电源 $U_2 = 10\mathrm{V}$，将端口 1-1（R2-R1 端）短路，用万用表 XMM 直流挡测量左端口电流 I_1 和右端口电流 I_2。

测量的电流数值如图 4-4-4 所示。由图 4-4-4 所示的测量读数可以计算得到

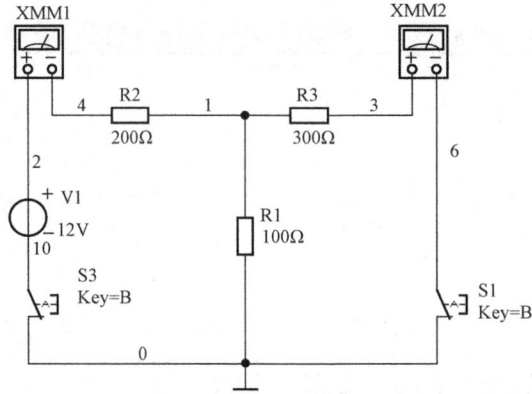

图 4 - 4 - 1 右端口短路的二端口测试电路

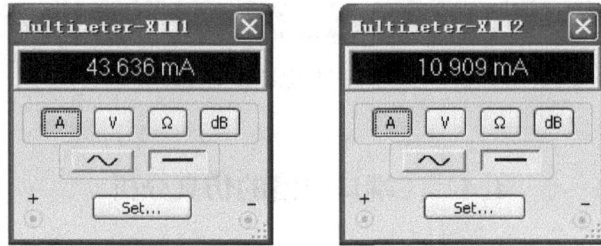

图 4 - 4 - 2 12V 作用电流表读数

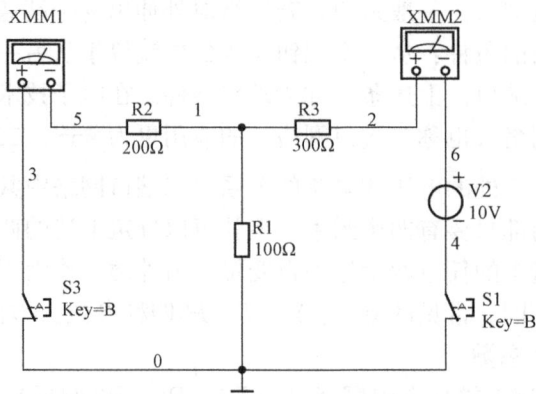

图 4 - 4 - 3 左端口短路 10V 作用的二端口测试电路

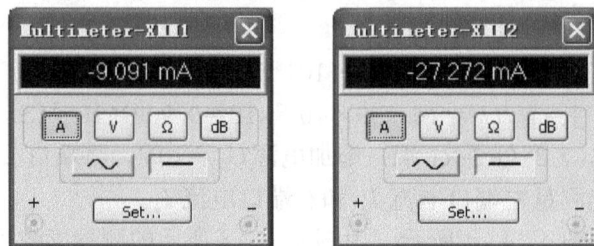

图 4 - 4 - 4 10V 作用电流表读数

$$Y_{12}=I_1/U_2=-9.091\times10^{-3}/10=-0.909\times10^{-4}\,(\mathrm{S})$$
$$Y_{22}=I_2/U_2=-27.272\times10^{-3}/10=-2.272\times10^{-3}\,(\mathrm{S})$$

如果改变网络元件的数值、位置，或者变换端口，则 Y 参数将发生变化，但是如果改变激励电源的电压大小，则 Y 参数不变。将电压源的电压调整为 20V，可以得到如图 4-4-5 所示的测试电路。由图 4-4-6 所示的测量读数可以计算得到

$$Y_{12}=I_1/U_2=-18.182\times10^{-3}/20=-0.909\times10^{-4}\,(\mathrm{S})$$
$$Y_{22}=I_2/U_2=-54.545\times10^{-3}/20=-2.272\times10^{-3}\,(\mathrm{S})$$

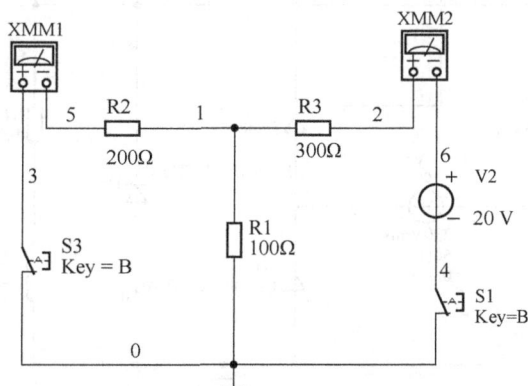

图 4-4-5　左端口短路 20V 作用的二端口测试电路

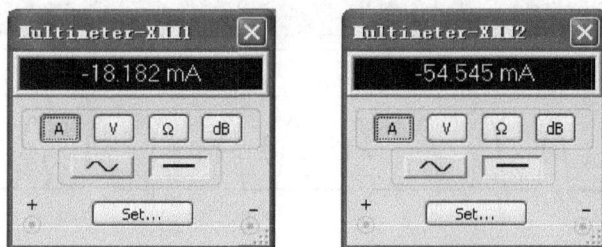

图 4-4-6　20V 作用电流表读数

根据测量 Y 参数的方法，还可以测定 Z、T、H 等其他参数。

4.5　电源电路的仿真分析

随着社会生产和科学技术的发展，电源整流电路在自动控制系统、测量系统和发电机励磁系统等领域的应用日益广泛。由于整流电路涉及交流信号、直流信号以及触发信号，同时包含晶闸管、电容、电感、电阻等多种元件，采用常规电路分析方法显得相当繁琐，高压情况下也难顺利进行。利用 Multisim 环境对单相半控桥式整流电路进行建模并仿真分析，既进一步加深了单相半控桥式整流电路的理论，同时也为现代电力电子教学奠定了良好的基础。电源电路的种类有很多，如 DC-AC 全桥逆变电路、单相半波晶闸管整流电路、直流降压斩波变换电路、三相桥式整流电路。其中单相半波晶闸管电路是电源电路的一种典型电路，图 4-5-1 所示为在单相桥式二极管整流电路中，把其中两只二极管换成晶闸管后组成

的单相半控桥式整流电路。这种电路在中小容量场合应用很广。

　　图 4-5-1 中 D1、D2 为单相晶闸管，它们的控制级 G 级连接在一起（图中的 5 结点），触发信号通过信号源同时送到两管的 G 级。该电路的波形如图 4-5-2 所示。

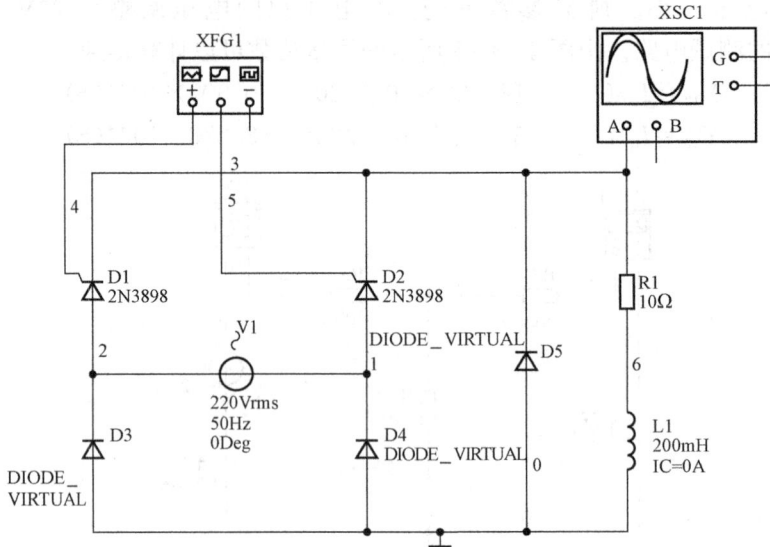

图 4-5-1　单相半控桥式整流电路

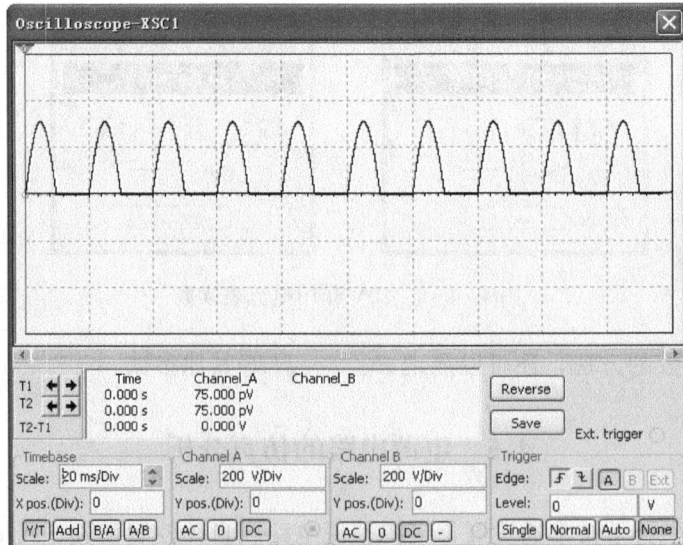

图 4-5-2　单相半控桥式整流波形

　　单相半控桥式整流电路也可实现整流滤波功能，只要并联一个电容即可，如图 4-5-3 所示，请读者自行比较仿真图形和不带滤波功能的区别。

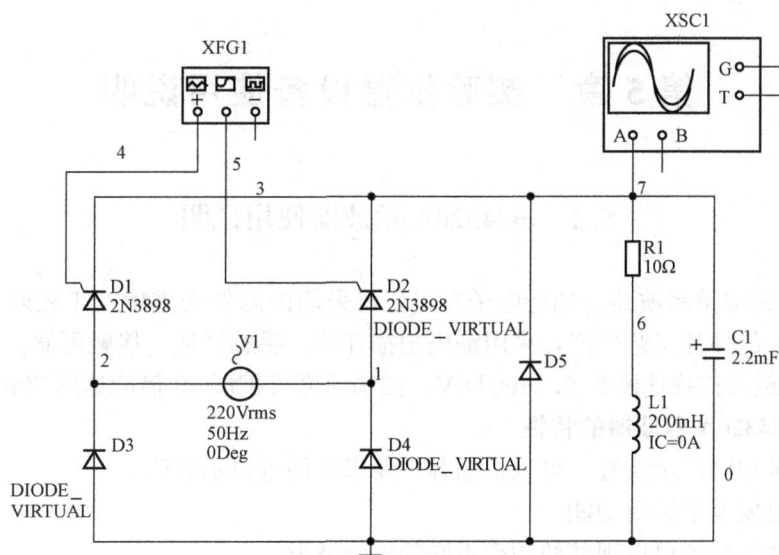

图 4 - 5 - 3　带滤波功能的单相半控桥式整流电路

第 5 章　实验仪器设备使用说明

5.1　SG4320A 示波器使用说明

SG4320 系列双踪示波器是瑞特电子有限公司采用国内外先进生产工艺研制而成的，该示波器采用先进的贴片工艺生产，采用编码扫描开关，手感舒适、接触可靠，最大灵敏度为 0.5mV/DIV，最大扫描速度为 0.2ms/DIV，扫描速度可扩展 10 倍能达到 20ns/DIV。

5.1.1　SG4320A 示波器的特性

（1）一般采用国产示波管，可以根据客户要求使用进口示波管。

（2）具有触发电平锁定功能。

（3）交替触发功能可以观察两频率不同的信号波形。

（4）电视信号同步功能。

（5）后面板上与输入信号频率相同的脉冲信号可以直接驱动频率计。

（6）Z 轴输入和亮度调制功能可以给示波器加入频率或时间标识、正信号轨迹消隐和 TTL 匹配。

（7）X-Y 操作：当设定在 X-Y 位置时，该仪器可作为 X-Y 示波器，CH1 为水平轴，CH2 为垂直轴。在 0.2 时最大有效值读出为 $400U_{p-p}$（$140U_{rms}$ 正弦波）。

5.1.2　面板说明

SG4320A 示波器前面板如图 5-1-1 所示，后面板如图 5-1-2 所示，其面板功能见表 5-1-1。

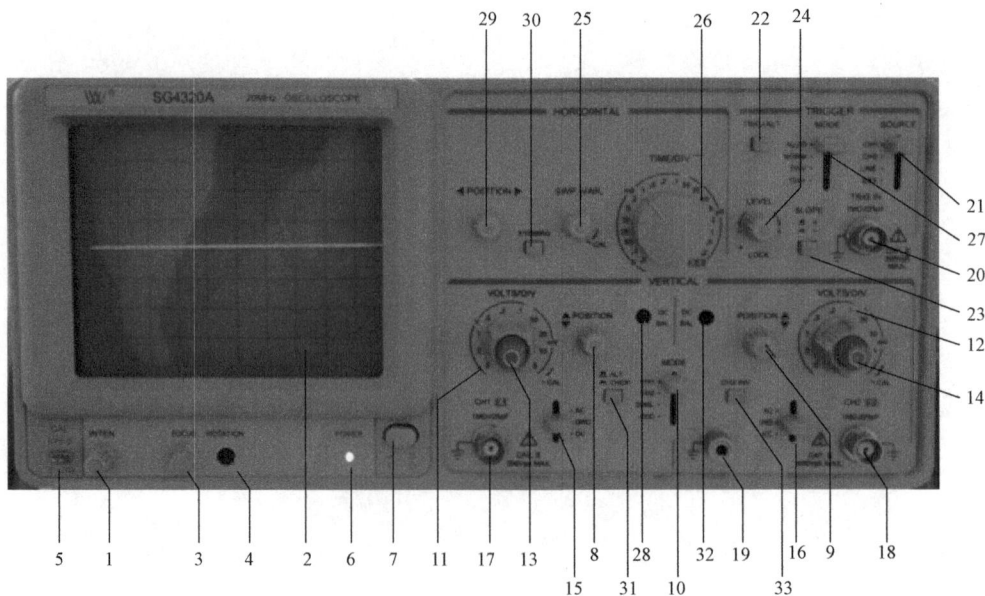

图 5-1-1　SG4320A 示波器前面板

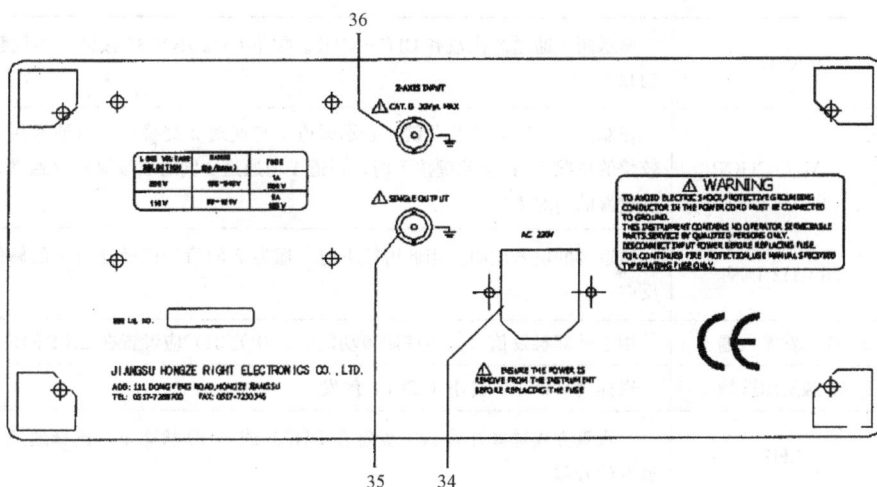

图 5 - 1 - 2　SG4320A 型示波器后面板

表 5 - 1 - 1　　　　　　　　　　　**SG4320A 示波器面板功能**

	前面板图介绍（参见图 5 - 1 - 1）	
	7 电源	主电源开关，当此开关开启时发光二极管 6）发光
	1 亮度	调节轨迹或亮点的亮度
CRT	3 聚焦	调节轨迹或亮点的亮度
	4 轨迹旋转	半固定的电位器用来调整水平轨迹与刻度线的平行
	2 滤色片	使波形看起来更加清晰
	17 CH1（X）输入	在 X-Y 模式下，作为 X 轴输入端
	18 CH2（Y）输入	在 X-Y 模式下，作为 Y 轴输入端
	28、38CH1 和 CH2 的 DC BAL	用于两个通道的衰减器平衡调试
	15、16AC—GND—DC	选择垂直轴输入信号的输入方式
	AC	交流耦合
垂直轴	GND	垂直放大器的输入接地，输入端断开
	DC	直流耦合
	11、12 垂直衰减开关	调节垂直偏转灵敏度从 5mV/DIV～5V/DIV，分 10 挡
	13、14 垂直微调	微调灵敏度大于或等于 1/2.5 标示值，在校正位置时，灵敏度校正为标示值
	8、9 ▼▲垂直位移	调节光迹在屏幕上的垂直位置
	10 垂直方式	选择 CH1 与 CH2 放大器的工作模式
	CH1 或 CH2	通道 1 和通道 2 单独显示
	DUAL	两个通道同时显示

垂直轴	ADD	显示两个通道的代数和 CH1＋CH2。按下 CH2 INV 35 按钮，为代数差 CH1－CH2
	31 ALT/CHOP	在双路显示时，放开此键，表示通道 1 与通道 2 交替显示（通常用于扫描速度较快的情况下）；当此键按下时，通道 1 与通道 2 同时断续显示（通常用于扫描速度较慢的情况下）
	33 CH2 INV	通道 2 的信号反向，当此键按下时，通道 2 的信号以及通道 2 的触发信号同时反向
触发	20 外触发输入端子	用于外部触发信号。当使用该功能时，开关 21）应设置在 EXT 的位置上
	21 触发源选择	选择内（INT）或外（EXT）触发
	CH1	当垂直方式选择开关 10）设定在 DUAL 或 ADD 状态下，选择通道 1 作为内部触发信号源
	CH2	当垂直方式选择开关 10）设定在 DUAL 或 ADD 状态下，选择通道 2 作为内部触发信号源
	TRIGALT22)	垂直方式选择开关 10）设定在 DUAL 或 ADD 状态下，而且触发源开关 21）选在通道 1 或通道 2 上，按下 22）时，它会交替选择通道 1 和通道 2 作为内触发信号源
	LINE	选择交流电源作为触发信号
	EXT	外部触发信号接于 20）作为触发信号源
	23 极性	触发信号的极性选择"＋"上升沿触发，"－"下降沿触发
	24 触发电平	显示同步稳定的小型，并设定一个小型的起始点。向"＋"旋转触发电平向上移，向"－"旋转触发电平向下移
	27 触发方式	选择触发方式
	AUTO	自动，当没有触发信号输入时扫描在自由模式下
	NORM	常态，当没有触发信号时，踪迹在待命状态并不显示
	TV-V	电视场当想要观察一场的电视信号时
	TV-H	电视行当想要观察一行的电视信号时
		（仅当同步信号为负脉冲时，方向同步电视场和电视行）
	24 触发电平锁定	将触发电平旋钮 24）向逆时针方向转到底听到咔嗒一声后，触发电平被锁定在一个固定电平上，这时改变扫描速度或信号幅度时，不再需要调节触发电平，即可获得同步信号
时基	26 水平扫描速度开关	扫描速度可以分 20 挡，从 $0.2\mu s/DIV$ 到 $0.5s/DIV$。设置为 X-Y 示波器
	25 水平微调	微调水平扫描时间，使扫描时间被校正到与面板上 TIME/DIV 指示一致。TIME/DIV 扫描速度可连续变化，当顺时针旋转到底时为校正位置。整个延时可达 2.5 倍甚至更多
	29 ◀ ▶水平位移	调节光迹在屏幕上的水平位置
	30 扫描扩展开关	按下时扫描速度扩展 10 倍

其他	5CAL	提供幅度为 $2U_{p-p}$、频率 1kHz 的方波信号，用于校正 10∶1 探头的补偿电容器和检测示波器垂直与水平偏转因数
	19GND	示波器机箱的接地端子

后面板介绍（参见图 5-1-2）

36Z 轴输入	外部亮度调制信号输入端
35 外测频输出	提供与被测信号相同频率的脉冲信号，适合外接频率计
34 交流电源	交流电源输入插座，交流电源线接于此处

5.1.3　基本操作

5.1.3.1　单通道操作

接通电源前务必先检查电压是否与当地电网一致，然后将有关控制元件按表 5-1-2 设置。

表 5-1-2　　　　　　　　　控制元件功能设置

功　能	序　号	设　置
电源（POWER）	7	关
亮度（INTEN）	1	居中
聚焦（FOCUS）	3	居中
垂直方式（VERT MODE）	10	通道 1
交替/断续（ALT/CHOP）	32	释放（ALT）
通道 2 反向（CH2 INV）	35	释放
垂直位置（POSTION）	8、9	居中
垂直衰减（▲▼ VOLTS/DIV）	7	50mV/DIV
调节（VARIABLE）	11、12	CAL（校正位置）
AC—GND—DC	15、16	GND
触发源（Source）	21	通道 1
极性（SLOPE）	23	＋
触发交替选择（TRIGALT）	22	释放
触发方式（TRIGGER MODE）	27	自动
扫描时间（TIME/DIV）	26	0.5ms/DIV
微调（SWEVER）	25	校正位置
水平位置（◀▶POSITION）	29	居中
扫描扩展（X10 MAG）	31	释放

将开关和控制旋钮设置好后，接上电源线，完成下列步骤：

（1）电源接通，电源指示灯亮约 20s 后，屏幕出现光迹。如果 60s 后还没有出现光迹，重新检查开关和控制旋钮的设置。

（2）分别调节亮度和聚焦，使光迹亮度适中清晰。

（3）调节通道位移旋钮与轨迹旋转电位器，使光迹与水平刻度平行（用螺钉旋具调节光迹旋转电位器 4）。

（4）用 10∶1 探头将校正信号输入至 CH1 输入端。

（5）将 AC-GND-DC 开关设置在 AC 状态。

（6）调整聚焦使图形清晰。

（7）对于其他信号的观察，可通过调整垂直衰减开关，使扫描时间到所需的位置，从而得到清晰的图形。

（8）调整垂直和水平位移旋钮，使得波形的幅度与时间容易读出。

通道 2 的操作与通道 1 相同，单通道操作为示波器最基本的操作。

5.1.3.2　双通道操作

改变垂直方式到 DUAL 状态下，则通道 2 的光迹也会出现在屏幕上（与 CH1 相同）。这时通道 1 显示一个方波（来自校正信号输出的波形），而通道 2 则仅显示一条直线，因为没有信号接到该通道。现在将校正信号接到 CH2 输入端，与 CH1 一致，将 AC-GND-DC 开关设置到 AC 状态，调整垂直位置 8 和 19，使两通道的波形如图 5-1-3 所示，释放 ALT/CHOP 开关，（置于 AIT 方式），CH1 与 CH2 上的信号交替地显示到屏幕上，此设定用于观察扫描时间较短的两路信号。按下 ALT/CHOP 开关（置于 CHOP 方式），CH1 和 CH2 上的信号以 400kHz 的速度独立地显示在屏幕上，此设定用于观察扫描时间较长的两路信号。在进行双通道操作时，必须通过触发信号源的开关来选择通道 1 或通道 2 的信号作为触发信号。如果 CH1 与 CH2 的信号同步，则两个波形都会稳定显示出来；反之，则仅有触发信号可以稳定显示出来；如果 TRIG/ALT 开关按下，则两个波形都会同时稳定显示出来。

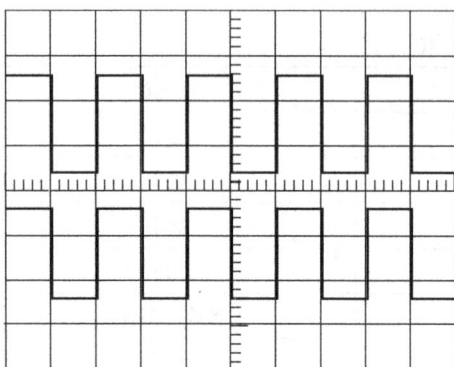

图 5-1-3　垂直方式双通道波形图

5.1.3.3　加减操作

通过设置"垂直方式开关"到"加"的状态，可以显示 CH1 和 CH2 信号代数和，如果 CH2 INV 开关被按下则为代数减。为了得到加减的精确值，两个通道的衰减设置必须一致。垂直位置可以通过"▲▼位置键"来调整。鉴于垂直放大器的线性变化，最好将该旋钮设置在中间位置。

5.1.3.4　触发源的选择

正确地选择触发源对于有效使用示波器是至关重要的，用户必须十分熟悉触发源的选择功能及其工作次序。

1. MODE 开关

AUTO：当为自动模式时，扫描发生器自由产生一没有触发信号的扫描信号；当有触发信号时，它会自动转换到触发信号。通常第一次观察波形时，将其设置于"AUTO"，当一个稳定的波形观察到以后，再调整其他设置。当其他控制部分设定好以后，通常将开关设回到"NORM"触发方式，因为该方式更佳，当测量直流信号或小信号时必须采用"AUTO"方式。

NORM：常态，通常扫描器保持在静止状态，屏幕上无光迹显示。触发信号经过由"触发电平开关"设置的阀门电平，扫描一次之后，扫描器又回到静止状态，直到下一次被触发。在双踪显示"ALT"与"NORM"扫描时，除非通道 1 与通道 2 都有足够的触发电平，否则不会显示。

TV-V：电视场，当需要观察一个整场的电视信号时，将 MODE 开关设置到 TV-V，对电视信号进行同步观测，扫描时间通常设定到 2ms/DIV（一帧信号）或 5ms/DIV（一场两帧隔行扫描信号）。

TV-H：电视行，对电视信号的行信号进行同步观测，扫描时间通常为 10ms/DIV。显示几行信号波形，可以用微调旋钮调节扫描时间到所需要的行数。送入示波器的同步信号必须是负极的（见图 5-1-4）。

2. 触发信号源功能

为了在屏幕上显示一个稳定的波形，需要给触发电路提供一个与显示信号在时间上有关联的信号，触发源开关就是用来选择触发信号的。

图 5-1-4　输入信号

CH1：大部分情况下采用内触发模式。

CH2：送到垂直输入端的信号在预放以前分一支到触发电路中。由于触发信号就是测试信号本身，因此显示屏上会出现一个稳定的波形。

在 DUAL 或 ADD 方式下，触发信号由触发源开关来选择。

LINE：用交流电源的频率作为触发信号。这种方法对于测量与电源频率有关的信号十分有效。如音响设备的交流噪声、晶闸管电路等。

EXT：用外来信号驱动扫描触发电路。该外来信号由于与要测的信号有一定的时间关系，波形可以独立显示出来。

3. 触发电平和极性开关

当触发信号通过一个预置的阀门电平时会产生一个扫描触发信号，调整触发电平旋钮可以改变该电平，向"＋"方向时，阀门电平正方向移动；向"－"方向时；阀门电平向负方向移动；当在中间位置时，阀门电平设定在信号的平均值上。

触发电平可以调节扫描起点在波形的任一位置上。对于正弦信号，起始相位是可变的。

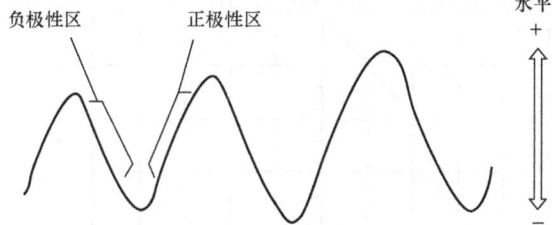

负极性区　　正极性区

水平
＋

－

图 5-1-5　下降沿触发

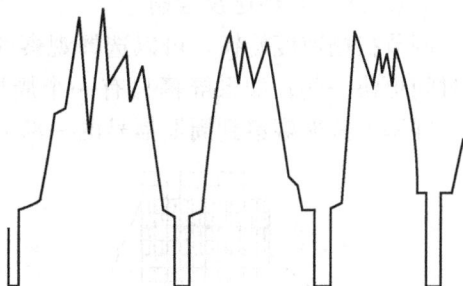

注意：如果触发电平的调节过正或过负，也不会产生扫描信号，因为这时触发电平已超过了同步信号的幅值。

极性触发开关设置在"＋"时，上升沿触发；极性触发开关设置在"－"时，下降沿触发（见图 5-1-5）。

触发电平锁定：逆时针调节触发电平旋钮 24）到底，听到咔嗒一声后，触发电平被锁定在一固定值，此时改变信号幅度频率不需要调整触发电平即可获得一稳定的波形。

当输入信号幅度或外触发信号的幅度在以下范围时该功能有效：50Hz～5MHz＞0.51DIV；5～20MHz＞1.0DIV。

4. 触发交替开关

当垂直方式选定双踪显示时，该开关用于交替触发和交替显示（适用于CH1、CH2或相加方式）。这种方式有利于波形幅度、同期的测试，甚至可以观察两个在频率上并无联系的波形，但不适合于相位和时间对比的测量。对于此测量，两个通道必须采用同一同步信号触发。在双踪显示时，如果"CHOP"和"TRIGALT"同时按下，则不能同步显示，因为"CHOP"信号成为触发信号。使用"ALT"方式或直接选择CH1或CH2作为触发信号源。

5.1.3.5　扫描速度控制

调节扫描速度旋钮，可以选择观察的波形个数，如果屏幕上显示的波形太多，则调节扫描时间更快一些；如果屏幕只有一个周期的波形，则可以减慢扫描时间。当扫描速度太快时，屏幕上只能观察到周期信号的一部分。对于一个方波信号，可能在屏幕上显示的只是一条直线。

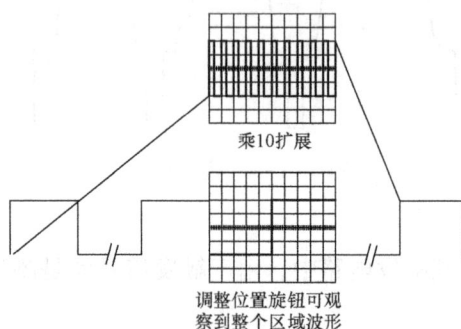

图 5 - 1 - 6　显示范围扩展 10 倍

5.1.3.6　扫描扩展

当需要观察一个波形的一部分时，需要很高的扫描速度。如果想要观察的部分远离扫描的起点，波形已经出到屏幕以外，这时就需要使用扫描扩展开关。当扫描扩展开关按下后，显示的范围会扩展 10 倍（见图 5 - 1 - 6）。这时的扫描速度是（"扫描速度开关"上的值）×1/×10。

5.1.3.7　X-Y 操作

将扫描开关设定在 X-Y 位置时，示波器工作方式为 X-Y。X 轴：CH1 输入；Y 轴：CH2 输入。

注意：当高频信号在 X-Y 方式时，应注意 X 轴与 Y 轴在频率、相位上的不同。

X-Y 方式允许示波器进行常规示波器所不能做的很多测试。CRT 可以显示一个电子图形或两个瞬时的电平。它可以是两个电平直接的比较，就像相量示波器显示视频彩条图形。如果使用一个传感器将有关参数（频率、温度、速度等）转换成电压的话，X-Y 方式就可以显示几乎一个动态参数的图形。一个通用的例子就是频率相位的测试。这里 Y 轴对应于信号幅度，X 轴对应于频率（见图 5 - 1 - 7）。

在某些场合，需要观察李沙育图形可用 X-Y 方式，当从 X-Y 这两个输入端输入正弦信号时，在示波管荧光屏上可显示出李沙育图形（见图 5 - 1 - 8），

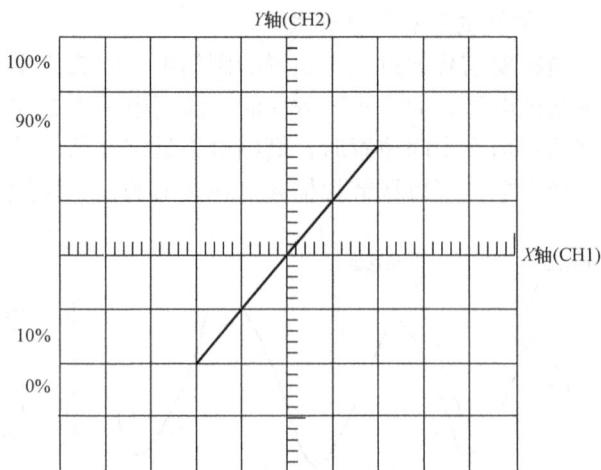

图 5 - 1 - 7　频率相位测试

根据图形可以推算出两个信号之间频率及相位的关系。

相位差	显示波形			
0°	/	∨	∧	✕
45°	⟋	⧖	⋈	⋇
90°	◯	∞	⫴	⧓
$f(y):f(x)$	1:1	2:1	3:1	3:2

图 5-1-8　李沙育图形

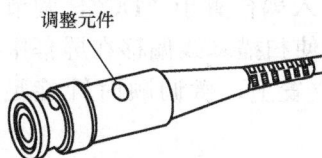

5.1.3.8　探头校正

示波器探头可用于一个很宽的频率范围，但必须进行相位补偿。失真的波形会引起测量误差。因此，在测量前，要进行探头校正。

5.1.3.9　直流平衡调整（DC BAL）

（1）将 CH1 和 CH2 的输入耦合开关设定为 GND，触发方式为自动，将光迹调到中间位置。

（2）将衰减开关在 5～10mV 之间来回转换，调整 DC BAL 直到光迹在零水平线不移动为止。

5.1.4　测量

5.1.4.1　测量前的检查和调整

为了得到较高的测量精度，减少测量误差，在测量前应对如下项目进行检查和调整。

1. 光迹旋转

在正常情况下，屏幕上显示的水平光迹应与水平刻度线平行，但由于地球磁场与其他因素的影响，会使水平迹线产生倾斜，给测量造成衰减，因此在使用前可按下列步骤检查或调整：

（1）预置示波器面板上的控制件，使屏幕上获得一根水平扫描线。

（2）调节垂直移位使扫描基线在垂直中心的水平刻度线上。

（3）检查扫描基线与水平刻度线是否平行，若不平行，用螺钉旋具调整前面板"ROTATION"电位器。

2. 探极补偿

探极补偿用于补偿由于示波器输入特性的差异而产生的误差，调整方法如下：

（1）按表 5-1-2 设置面板控制件，并获得一扫描基线。

（2）设置 V/DIV 为 50mV/DIV 挡级。

（3）将 Y1 的 10∶1 探极接入输入插座，并与本机校正信号（5）连接。

（4）操作有关控制件，使屏幕上获得如图 5-1-9 所示波形。

（5）观察波形补偿是否适中，否则调整探极补偿元件，如图 5-1-10 所示。

（6）设置垂直方式至"Y2"，按步骤（2）～（5）方法完成探极补偿调整。

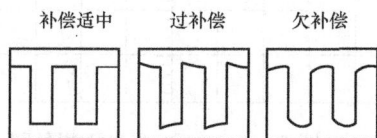

图 5-1-9　探极补偿波形图　　　　图 5-1-10　探极补偿元件图

5.1.4.2　幅值的测量

1. 峰—峰电压的测量

对被测信号波形峰—峰电压进行测量，步骤如下：

（1）将信号输入至 Y1 或 Y2 插座，将垂直方式置于被选用的通道。

（2）设置电压衰减器并观察波形，使被显示的波形在 5 格左右，将微调顺时针旋满（校正位置）。

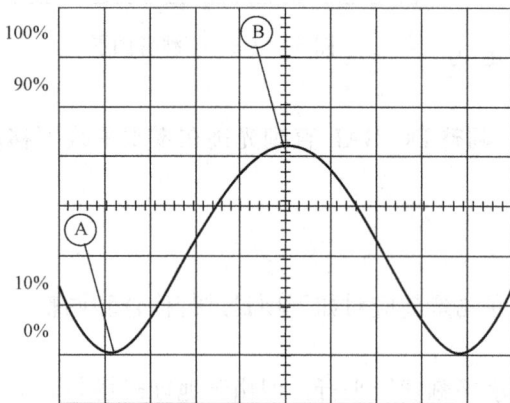

图 5-1-11　幅值测量图

（3）调整电平使波形稳定（如果是电平锁定，无需调节电平）。

（4）调节扫描速度开关，使屏幕显示至少一个波形周期。

（5）调整垂直移位，使波形底部在屏幕中某一水平坐标上（见图 5-1-11 的 A 点）。

（6）调整水平移位，使波形顶部在屏幕中央的垂直坐标上（见图 5-1-11 的 B 点）。

（7）读出垂直方向 A-B 两点之间的格数。

（8）按下面公式计算被测信号的峰—峰电压值（U_{p-p}）

U_{p-p}＝垂直方向的格数×垂直偏转因数

例如：图 5-1-11 中，测出 A-B 两点垂直格数为 4.1 格，用 10：1 探极的垂直偏转因数为 2V/DIV，则

$$U_{p-p}=2\times4.1=8.2(V)$$

2. 直流电压的测量

直流电压的测量步骤如下：

（1）设置面板控制器，使屏幕显示一条扫描基线。

（2）设置被选用通道的耦合方式为"GND"，见图 5-1-12 "测量前"。

（3）调节垂直移位，使扫描基线在某一水平坐标上，定义此时电压零值。

（4）将被测电压馈入被选用的通道插座。

（5）将输入耦合置于"DC"，调节电压衰减器，使扫描基线偏移在屏幕中一个合适的位置上，微调顺时针旋足（校正位置）。

（6）读出扫描基线在垂直方向上偏移的格数，见图 5-1-12 "测量后"。

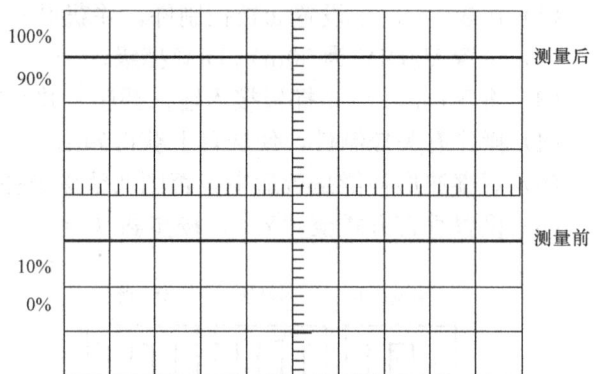

图 5-1-12　直流电压测量图

（7）按下列公式计算被测直流电压值

U＝垂直方向的格数×垂直偏转因数×偏转方向（＋或－）

例如：图 5-1-12 中，测出扫描极限比原基线上移 4 格，垂直偏移因数 2DIV，则

$$U=2\times4\times(+)=+8(V)$$

3. 幅值比较

在某些应用中，需对两个信号之间的幅值偏差（百分比）进行测量，其步骤如下：

（1）将作为参考的信号馈入 Y1 或 Y2 输入插座。设置垂直方式为被选用的通道。

（2）调稳电压衰减器和微调控制器使屏幕显示幅度为垂直方向 5 格（见图 5-1-13）。

（3）保持电压衰减器和微调控制器在原位置不变的情况下，将探极从参考信号换接至欲比较的信号，调整垂直位移使波形底部对准屏幕的 0% 刻度线上。

（4）调整水平位移使波形顶部在屏幕中央的垂直刻度线上。

（5）根据屏幕左侧的 0% 和 100% 的百分比标准，从屏幕中央的垂直坐标上读出百分比（1 小格等于 4%）。

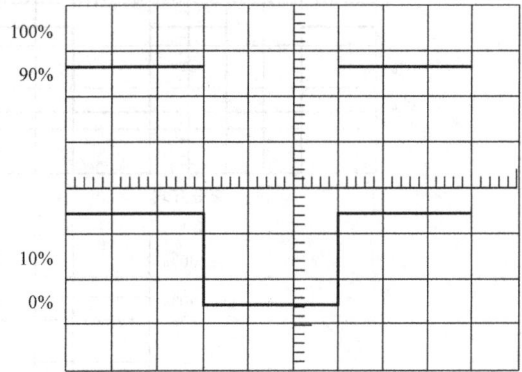

图 5-1-13　幅值比较

4. 代数叠加

当需要测量两个信号的代数和或差时，可根据下列步骤操作：

（1）设置垂直方式为"DUAL"，根据信号频率选择"ALT"和"CHOP"。

（2）将两个信号分别馈入 Y1 和 Y2 输入插座。

（3）调节电压衰减器使两个信号的幅度适中，调节垂直移位，使两个信号波形处于屏幕中央。

（4）垂直方式置于"ADD"即得两个信号的代数和显示；若需观察两个信号波形的代数差，则将 Y2 方向开关 35）按入，图 5-1-14 所示为代数叠加波形图。

5.1.4.3　时间间隔的测量

对于一个波形中两点时间间隔的测量，按下列步骤进行：

（1）将信号馈入 Y1 和 Y2 输入插座。设置垂直方式为被选通道。

（2）调整电平使波形稳定显示（如峰值自动，则无需调节电平）。

（3）将扫速微调顺时针旋足（校正位置），调整扫速控制器，使屏幕上显示 1～2 个信号周期。

（4）分别调整垂直移位和水平移位，使波形中需测量的两点仅次于屏幕中央水平刻度线上。

（5）测量两点之间的水平刻度，按下列公式计算出时间间隔（S）

$$时间间隔(S)=\frac{两点之间水平距离（格）\times扫描时间引述（时间、格）}{水平扩展倍数}$$

例如：图 5-1-15 中，测量 A、B 两点的水平距离为 8 格，扫描时间因数为 $2\mu s/DIV$，水平扩展倍数为 1，则

$$时间间隔(S)=\frac{2\mu s/DIV\times8DIV}{1}=16(\mu s)$$

交替方式　　　　　　　　　　　　相加方式Y2极性＋

相加方式Y2极性－

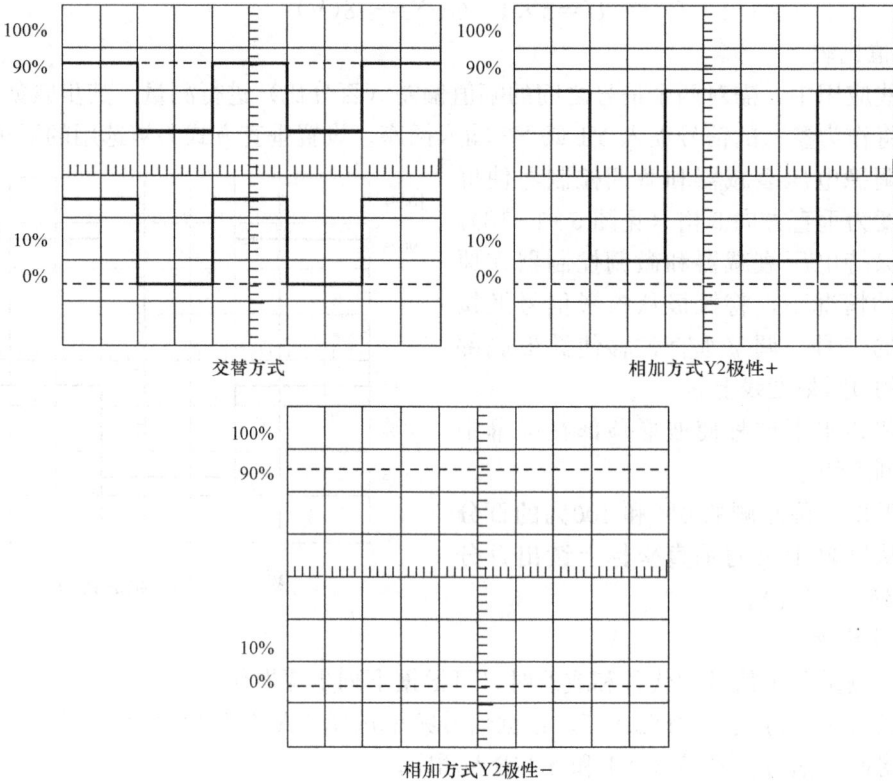

图 5-1-14　代数叠加波形图

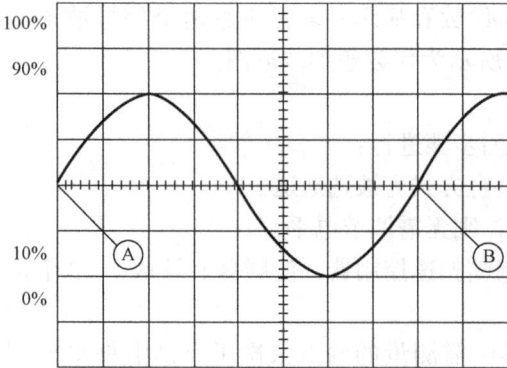

图 5-1-15　周期和频率的测量

5.1.4.4　周期和频率的测量

在图 5-1-15 的例子中，所测得的时间间隔即为该信号的周期 T，该信号的频率为 $1/T$，例如 $T=16\mu s$，即频率为

$$f=1/T=\frac{1}{16\times10^{-6}}=62.5(\text{kHz})$$

5.1.4.5　上升（或下降）时间的测量

上升（或下降）时间的测量方法和时间间隔的测量方法一样，只不过是测量被测波形满幅度的 10% 和 90% 两处之间的水平轴距离，测量步骤如下：

（1）设置垂直方式为 Y1 或 Y2，将信号馈送到被选中的通道输入插座。

（2）调移电压衰减器和微调，使波形的垂直幅度显示 5 格。

（3）调整垂直移位，使波形的顶部和底部分别位于 100% 和 0% 的刻度线上。

（4）调整扫速开关，使屏幕显示波形的上升沿或下降沿。

（5）调整水平位移，使波形上升沿的 10% 相交处于某一垂直刻度线上。

（6）测量 10% 和 90% 两点间的水平距离（格），如波形的上升沿或下降沿较快则可将水平×10 扩展，使波形在水平方向上扩展 10 倍。

（7）按下列公式计算出波形的上升（或下降）时间

$$上升（或下降）时间=\frac{水平距离（格）\times 扫描时间因数（时间\times 格）}{水平扩展倍数}$$

例如：图 5-1-16 中，波形上升沿的 10％处至 90％处水平距离为 2.2 格，扫描时间因数为 1μs/DIV，水平扩展$\times$10，根据公式算出

$$上升时间=\frac{1\mu s/DIV\times 2.2DIV}{10}=0.22\mu s$$

5.1.4.6　时间差的测量

对两个相关信号的时间差测量，可按下列步骤进行：

（1）将参考信号和一个待比较信号分别馈入 Y1 和 Y2 输入插座。

（2）根据信号频率，将垂直方式置于"交替"或"断续"。

（3）设置触发源至参考信号通道。

（4）调整电压衰减器和微调控制器，使显示合适的幅度。

（5）调整电平使波形稳定显示。

（6）调整 T/DIV，使两个波形的测量点之间有一个能方便观察的水平距离。

（7）调整垂直移位，使两个波形的测量点位于屏幕中央的水平刻度线上。

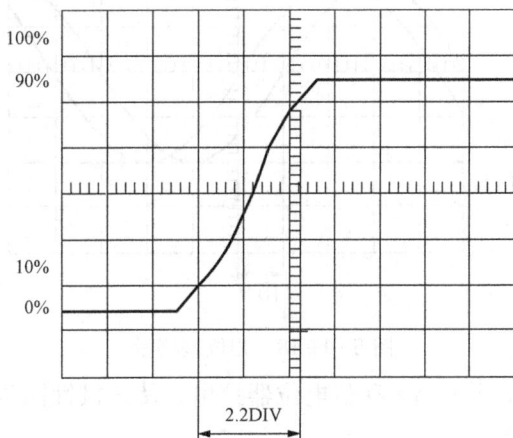

图 5-1-16　上升时间测量

$$时间差=\frac{水平距离（格）\times 扫描时间因数（时间\times 格）}{水平扩展倍数}$$

例如：图 5-1-17 中，扫描时间因数置于 10μs/DIV，水平扩展$\times$1，测量两点之间的水平距离为 1 格，则

$$时间差=\frac{10\mu s/DIV\times 1DIV}{1}=10(\mu s)$$

5.1.4.7　相位差的测量

相位差的测量可参考时间差的测量方法，步骤如下：

（1）按时间差测量方法的步骤（1）～（3）设置有关控制器。

（2）调整电压衰减器和微调控制器，使两个波形的显示幅度一致。

（3）调整扫速开关和微调，使波形的一

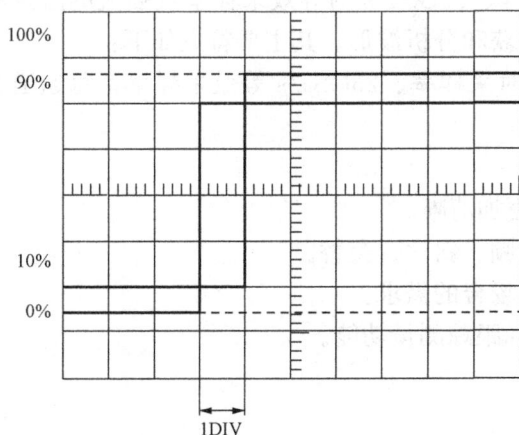

图 5-1-17　时间差测量

个周期在屏幕上显示 9 格。这样水平刻度线上 1DIV＝40°（360°/9）。

（4）测量两个波形相对位置上的水平距离（格）。

（5）按下列公式计算出两个信号的相位差

$$相位差=水平距离（格）\times 40°/格$$

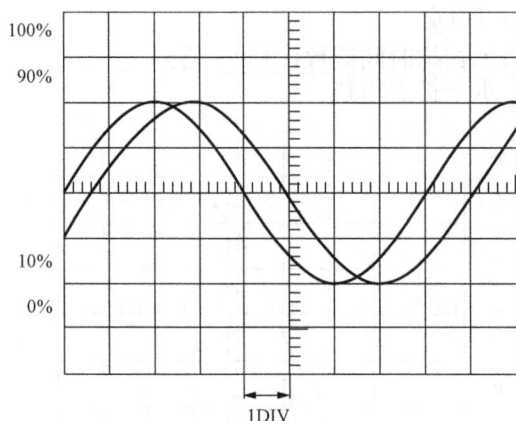

图 5-1-18　相位差测量

例如：图 5-1-18 中，测得两个波形相对位置上的距离为 1 格，则按公式可算出

相位差＝40°/DIV×1DIV＝40°

5.1.4.8　电视场信号测量

本示波器具有电视场信号的功能，操作方法如下：

（1）将垂直方式置于 Y1 或 Y2，将电视信号馈送到被选中的通道输入插座。

（2）将触发方式置于"电视"，并将扫速开关置于 2ms/DIV。

（3）观察屏幕上显示是否是负极性同步脉冲信号，如果不是，可将信号改善至 Y2 通道，并将 Y2 移位电位器拉出，使正极性同步脉冲的电视信号倒相为负极性同步脉冲的电视信号。

（4）调整电压衰减器和微调控制器，显示合适的幅度。

（5）如需细致观察电视场信号，则可将水平扩展×10。

5.2　DS1052E 数字示波器使用说明

DS1052E 数字示波器是一款高性能指标、经济型的数字示波器，是双通道加一个外部触发输入通道的数字示波器。示波器前面板设计清晰直观，完全符合传统仪器的使用习惯，方便用户操作。为加速调整、便于测量，可以直接使用 AUTO 键，将立即获得适合的波形显示和挡位设置。此外，高达 1GSa/s 的实时采样、25GSa/s 的等效采样率及强大的触发和分析能力，可帮助用户更快、更细致地观察、捕获和分析波形。其主要特点如下：

（1）提供双模拟通道输入，最大 1GSa/s 实时采样率、25GSa/s 等效采样率，每通道带宽 50MHz。

（2）16 个数字通道，可独立接通或关闭。

（3）5.6 英寸 64k 色 TFT LCD，波形显示更加清晰。

（4）具有丰富的触发功能：边沿、脉宽、视频、斜率、交替。

（5）独一无二的可调触发灵敏度，适合不同场合的需求。

（6）自动测量 20 种波形参数，具有自动光标跟踪测量功能。

（7）独特的波形录制和回放功能。

（8）精细的延迟扫描功能。

（9）内嵌 FFT 功能。

（10）拥有 4 种实用的数字滤波器：LPF、HPF、BPF、BRF。

（11）Pass/Fail 检测功能，可通过光电隔离的 Pass/Fail 端口输出检测结果。

（12）多重波形数学运算功能。

（13）提供功能强大的上位机应用软件 UltraScope。

（14）标准配置接口：USB Device，USB Host，RS232，支持 U 盘存储和 PictBridge

打印。

　　（15）独特的锁键盘功能，满足工业生产需要。

　　（16）支持远程命令控制。

　　（17）嵌入式帮助菜单，方便信息获取。

　　（18）多国语言菜单显示，支持中英文输入。

　　（19）支持 U 盘及本地存储器的文件存储。

　　（20）模拟通道波形亮度可调。

　　（21）波形显示可以自动设置（AUTO）。

　　（22）弹出式菜单显示，方便操作。

5.2.1　安全概要

　　了解下列安全性预防措施，以避免受伤，并防止损坏本产品或与本产品连接的任何产品。为避免可能的危险，请务必按照规定使用本产品。

　　只有经授权人员才能执行维修程序。避免起火和人身伤害。使用正确的电源线。只使用所在国家认可的本产品专用电源线。正确插拔。探头或测试导线连接到电压源时请勿插拔。将产品接地。本产品通过电源的接地导线接地。为避免电击，接地导体必须与地相连。在连接本产品的输入或输出端之前，请务必将本产品正确接地。正确连接探头。探头地线与地电势相同。请勿将地线连接高电压。查看所有终端额定值。为避免起火和过大电流的冲击，请查看产品上所有的额定值和标记说明，请在连接产品前查阅产品手册以了解额定值的详细信息。请勿开盖操作。外盖或面板打开时请勿运行本产品。只使用本产品指定类型和额定指标的熔丝。避免电路外露。电源接通后请勿接触外露的接头和元件。怀疑产品出故障时，请勿进行操作。如果您怀疑本产品已经出故障，可请合格的维修人员进行检查。保持适当的通风。请勿在潮湿环境下操作。请勿在易燃易爆的环境下操作。请保持产品表面的清洁和干燥。

5.2.2　DS1052E 面板和用户界面

　　1. DS1052E 前面板图

　　DS1052E 数字示波器向用户提供简单而功能明晰的前面板，以进行基本的操作。面板上包括旋钮和功能按键，旋钮的功能与其他示波器类似。显示屏右侧的一列 5 个灰色按键为菜单操作键（自上而下定义为 1～5 号）。通过它们，可以设置当前菜单的不同选项；其他按键为功能键，通过它们，可以进入不同的功能菜单或直接获得特定的功能应用。图 5-2-1 所示 DS1052E 前面板使用说明图。

　　2. DS1052E 后面板图

　　DS1052E 后面板（见图 5-2-2）主要包括以下几部分：

　　（1）Pass/Fail 输出端口。通过/失败测试的检测结果可通过光电隔离的 Pass/Fail 端口输出。

　　（2）RS232 接口。为示波器与外部设备的连接提供串行接口。

　　（3）USB Device 接口。当示波器作为从设备与外部 USB 设备连接时，需要通过该接口传输数据。例如：连接 PictBridge 打印机与示波器时，使用此接口。

　　3. 显示界面

　　图 5-2-3 所示显示界面说明图（仅模拟通道打开）。

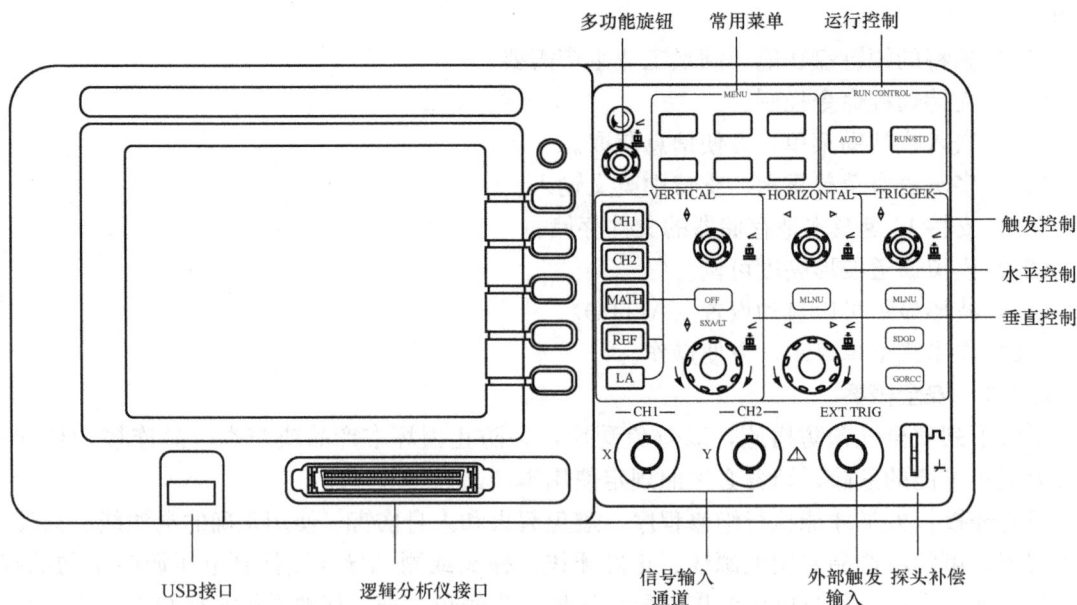

图 5-2-1 DS1052E 前面板使用说明图

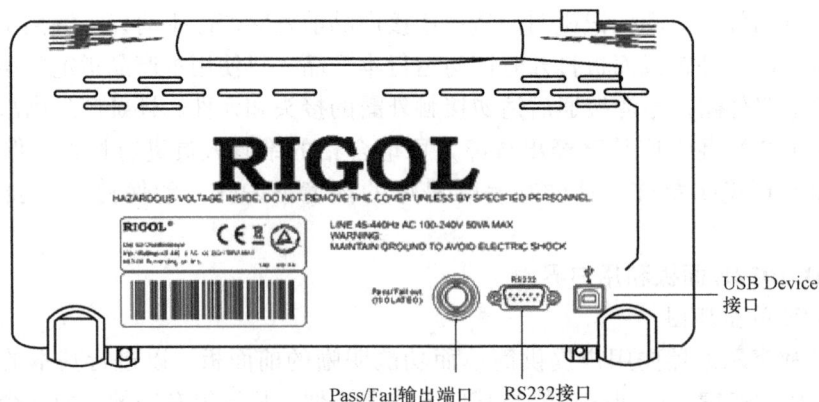

图 5-2-2 DS1052E 后面板图

5.2.3 功能检查

做一次快速功能检查，以核实本仪器运行是否正常。请按如下步骤进行：

（1）接通仪器电源。电线的供电电压为 100～240V 交流电，频率为 45～440Hz。接通电源后，仪器将执行所有自检项目，自检通过后出现开机画面。按 Storage 按钮，用菜单操作键从顶部菜单框中选择存储类型，然后调出出厂设置菜单框。

（2）示波器接入信号。DS1052E 为双通道输入加一个外部触发输入通道的数字示波器。请按照如下步骤接入信号：

1）用示波器探头将信号接入通道 1（CH1）。将探头连接器上的插槽对准 CH1 同轴电缆插接件（BNC）上的插口并插入，然后向右旋转以拧紧探头（见图 5-2-4），完成探头与通道的连接后，将数字探头上的开关设定为 10×，见图 5-2-5。

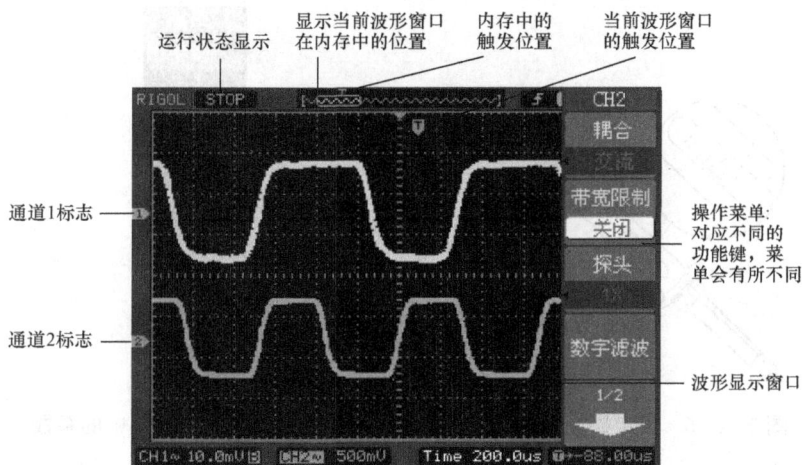

图 5-2-3　显示界面说明图（仅模拟通道打开）

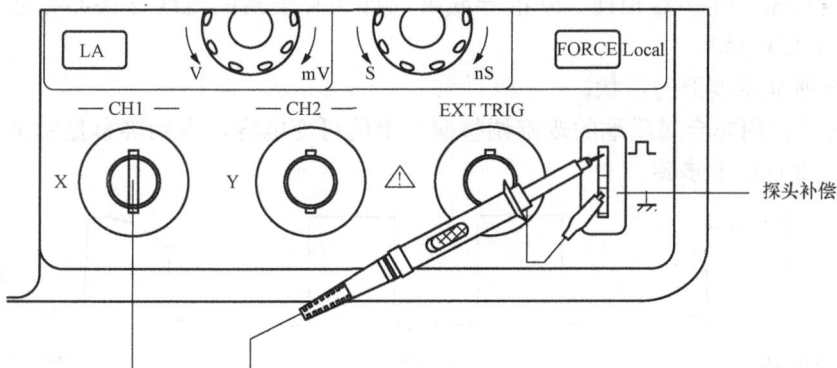

图 5-2-4　探头补偿连接图

2）示波器需要输入探头衰减系数。此衰减系数将改变仪器的垂直挡位比例，以使得测量结果正确反映被测信号的电平（默认的探头菜单衰减系数设定值为 1×）。设置探头衰减系数的方法如下：按 CH1 功能键显示通道 1 的操作菜单，应用与探头项目平行的 3 号菜单操作键，选择与您使用的探头同比例的衰减系数。如图 5-2-6 所示，此时设定的衰减系数为 10×。

3）把探头端部和接地夹接到探头补偿器的连接器上。按 AUTO（自动设置）按钮，几秒钟内，可见到方波显示。

4）以同样的方法检查通道 2（CH2）。按 OFF 功能按钮或再次按下 CH1 功能按钮以关闭通道 1，按 CH2 功能按钮以打开通道 2，重复步骤（2）和步骤（3）。注意：探头补偿连接器输出的信号仅作探头补偿调整之用，不可用于校准。

5.2.4　探头补偿

在首次将探头与任一输入通道连接时，进行此项调节，使探头与输入通道匹配。未经补偿或补偿偏差的探头会导致测量误差或错误。若调整探头补偿（见图 5-2-7），请按如下步骤进行：

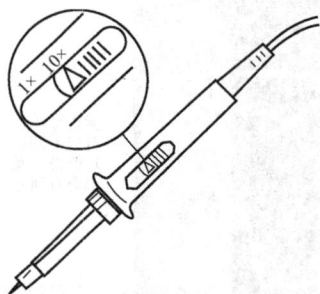

图 5-2-5　设定探头上的系数　　　　　图 5-2-6　设定菜单中的系数

（1）将示波器中探头菜单衰减系数设定为 10×，将探头上的开关设定为 10×，并将示波器探头与通道 1 连接。如使用探头钩形头，应确保探头与通道接触紧密。将探头端部与探头补偿器的信号输出连接器相连，基准导线夹与探头补偿器的地线连接器相连，打开通道 1，然后按下 AUTO 键。

（2）检查所显示波形的形状。

（3）如必要，用非金属质地的改锥调整探头上的可变电容，直到屏幕显示的波形补偿正确。必要时，重复以上步骤。

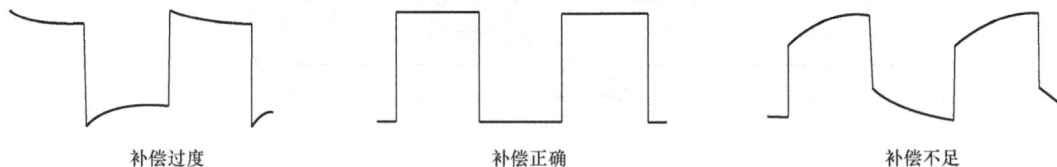

补偿过度　　　　　　　　　　　补偿正确　　　　　　　　　　　补偿不足

图 5-2-7　探头补偿调节

5.2.5　垂直系统

如图 5-2-8 所示，在垂直控制区（VERTICAL）有一系列的按键、旋钮，设置垂直系统按键 CH1、CH2、MATH、REF、LA（仅 DS1000D 系列）、OFF、垂直 POSITION、垂直 SCALE。

使用垂直旋钮控制信号的垂直显示位置，当转动垂直旋钮时，指示通道地（GROUND）的标识跟随波形而上下移动。

改变垂直设置，观察因此导致的状态信息变化。可以通过波形窗口下方的状态栏显示的信息，确定任何垂直挡位的变化。转动垂直旋钮改变"Volt/DIV（伏/格）"垂直挡位，可以发现状态栏对应通道的挡位显示发生了相应的变化。按 CH1、CH2、MATH、REF 键，屏幕显示对应通道的操作菜单、标志、波形和挡位状态信息。按 OFF 键关闭当前选择的通道。

每个通道都有独立的垂直菜单。每个项目都按不同的通道单独设置。按 CH1 或 CH2 功能键，系统将显示 CH1 或 CH2 通道的操作菜单，如图 5-2-9 所示。以 CH1 为例，通道垂直菜单说明见表 5-2-1。

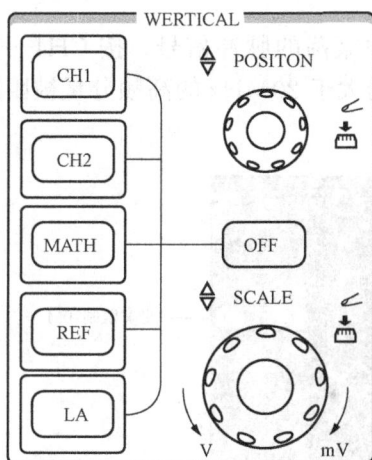

图 5-2-8　垂直控制系统　　　　　　　图 5-2-9　CH1 通道的操作菜单

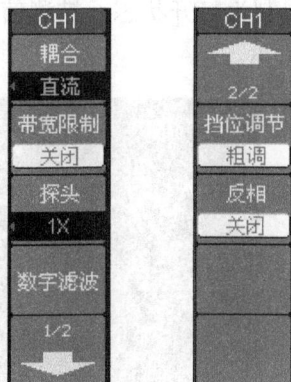

表 5-2-1　　　　　　　　　　　通 道 垂 直 菜 单 说 明

功能菜单	设定	说明
耦合	直流、交流、接地	通过输入信号的交流和直流成分，阻挡输入信号的直流成分，断开输入信号
带宽限制	打开、关闭	限制带宽至 20MHz，以减少显示噪声满带宽
探头	1×、5×、10×、50×、100×、500×、1000×	根据探头衰减因数选取相应数值，确保垂直标尺读数准确
数字滤波		设置数字滤波
挡位调节	粗调、微调	粗调按 1-2-5 进制设定垂直灵敏度；微调是指在粗调设置范围之内以更小的增量改变垂直挡位
反相	打开、关闭	打开波形反向功能，波形正常显示

1. 交流耦合设置

以 CH1 通道为例，被测信号是一含有直流偏置的正弦信号。按 CH1—耦合—交流，设置为交流耦合方式，被测信号含有的直流分量被阻隔，波形显示如图 5-2-10 所示。

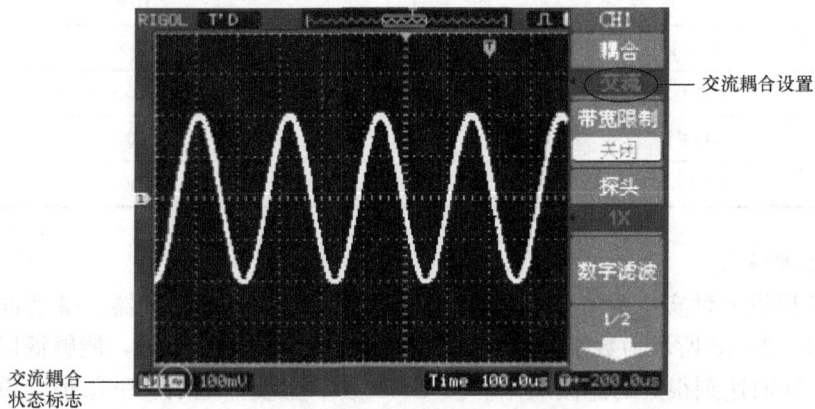

图 5-2-10　交流耦合设置

2. 带宽限制设置

以 CH1 通道为例,被测信号是一含有高频振荡的脉冲信号。按 CH1—带宽限制—打开,设置带宽限制为打开状态,被测信号含有的大于 20MHz 的高频分量被阻隔,波形显示如图 5-2-11 所示。

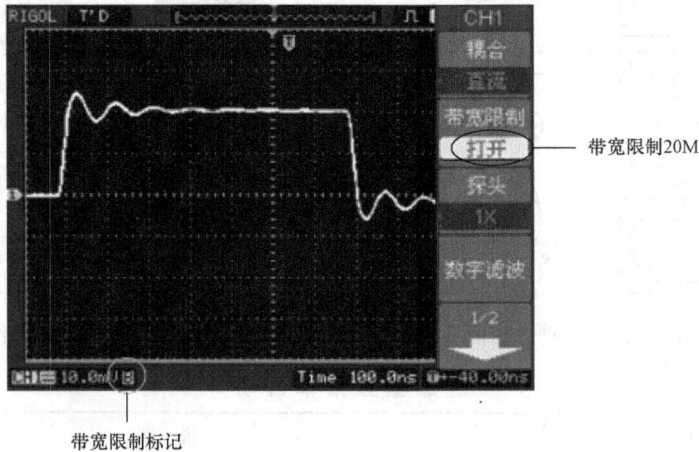

图 5-2-11 带宽限制设置

3. 调节探头比例

为了配合探头的衰减系数,需要在通道操作菜单中调整相应的探头衰减系数(见表 5-2-2)。如探头衰减系数为 10∶1,示波器输入通道的比例也应设置成 10×,以避免显示的挡位信息和测量的数据发生错误。图 5-2-12 所示为应用 1000∶1 探头时的设置及垂直挡位的显示。

表 5-2-2 探 头 衰 减 系 数 菜 单

探头衰减系数	对应菜单设置
1∶1	1×
5∶1	5×
10∶1	10×
50∶1	50×
100∶1	100×
500∶1	500×
1000∶1	1000×

4. 数字滤波设置

DS1052E 提供 4 种实用的数字滤波器(低通滤波器、高通滤波器、带通滤波器和带阻滤波器)。图 5-2-13 所示为数字滤波设置菜单,通过设定带宽范围,能够滤除信号中特定的波段频率,从而达到很好的滤波效果。按 CH1 数字滤波,上限、下限值,设置合适的带宽范围,如图 5-2-14 所示。

探头衰减系数

垂直挡位的变化

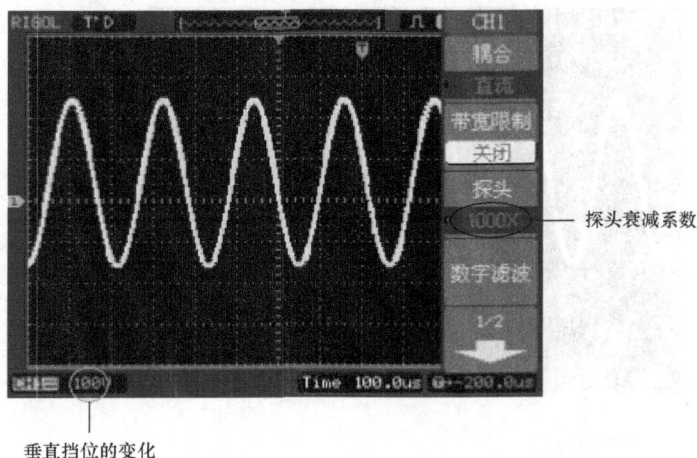

图 5-2-12 探头衰减系数设置

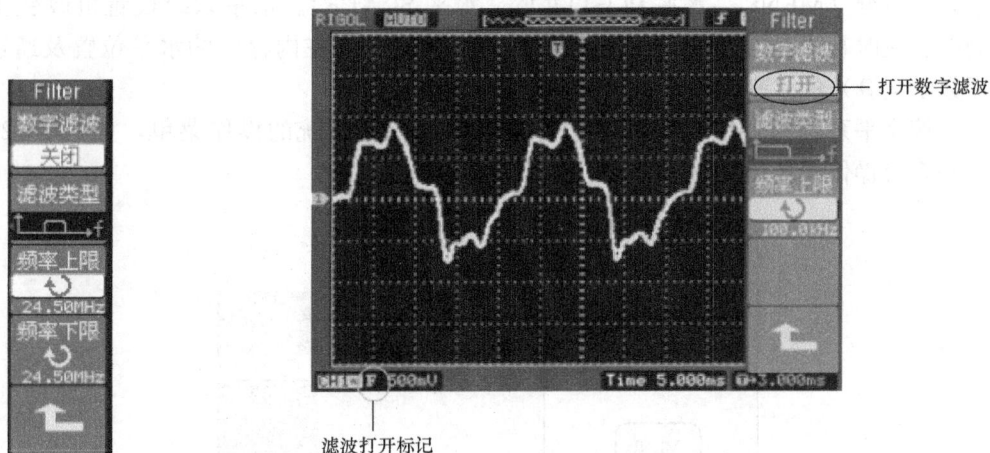

图 5-2-13 数字滤波设置菜单

打开数字滤波

滤波打开标记

图 5-2-14 打开数字滤波

5. 挡位调节设置

垂直挡位调节分为粗调和微调两种模式。垂直灵敏度的范围是 2mV/DIV 至 10V/DIV（探头比例设置为 1X）。粗调是以 1-2-5 步进序列调整垂直挡位，即以 2mV/DIV、5mV/DIV、10mV/DIV、20mV/DIV…10V/DIV 方式步进。微调是指在粗调设置范围之内以更小的增量进一步调整垂直挡位。如果输入的波形幅度在当前挡位略大于满刻度，而应用下一挡位波形显示幅度稍低，可以应用微调改善波形显示幅度，以利于观察信号细节，如图 5-2-15 所示。

6. 数学运算

数学运算（MATH）功能可显示 CH1、CH2 通道波形相加、相减、相乘以及 FFT 运算的结果。数学运算的结果可通过栅格或游标进行测量。按 MATH 功能键，系统将进入数学运算界面。

5.2.6 水平系统

如图 5-2-16 所示，在水平控制区（HORIZONTAL）有一个按键、两个旋钮，设置水

微调数值变化

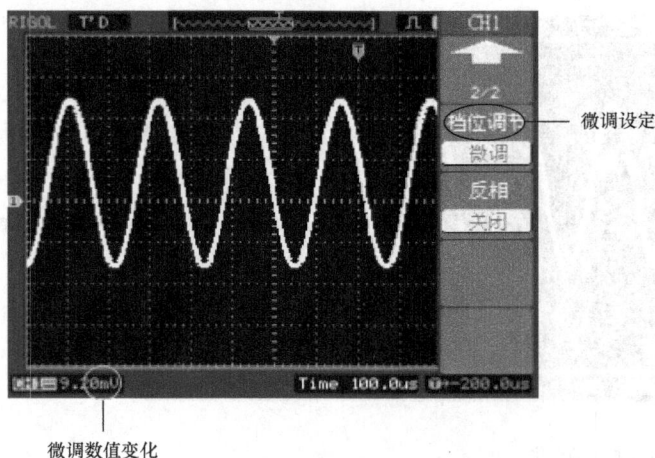

图 5-2-15　挡位调节设置

平系统按键（MENU、水平 POSITION、水平 SCALE）。水平系统设置可改变仪器的水平刻度、主时基或延迟扫描（Delayed）时基，调整触发在内存中的水平位置及通道波形（包括数学运算）的水平位置，也可显示仪器的采样率。

　　按水平系统的 MENU 功能键，系统将显示水平系统的操作菜单，如图 5-2-17 所示。水平系统操作菜单说明见表 5-2-3。

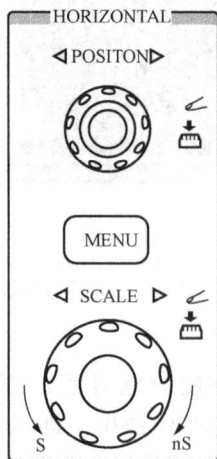

图 5-2-16　水平控制区　　　图 5-2-17　水平系统操作菜单

表 5-2-3　　　　　　　　　　　　　水平系统操作菜单说明

功能菜单	设定	说　　明
延迟扫描	打开	进入 Delayed 波形延迟扫描
	关闭	关闭延迟扫描
时基	Y-T	Y-T 方式显示垂直电压与水平时间的相对关系
	X-T	X-T 方式在水平轴上显示通道 1 幅值，在垂直轴上显示通道 2 幅值
	Roll	Roll 方式下示波器从屏幕右侧到左侧滚动更新波形采样点

功能菜单	设定	说　　明
采样率		显示系统采样率
触发位移复位		调整触发位置至中心零点

在水平系统设置过程中，各参数的当前状态在屏幕中会被标记出来，方便用户观察和判断，如图 5-2-18 所示。

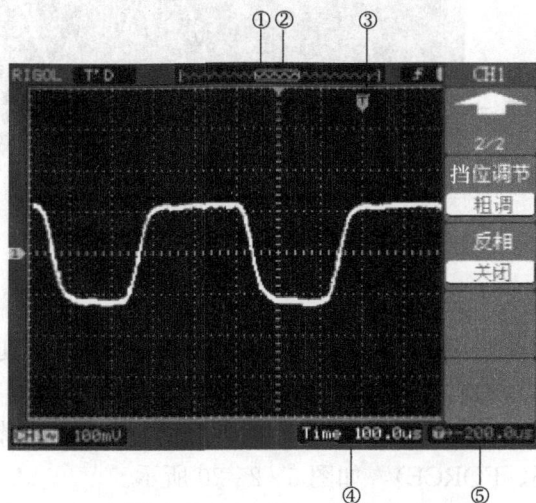

图 5-2-18　水平系统设置参数当前状态

标志说明：

①表示当前的波形视窗在内存中的位置。

②表示触发点在内存中的位置。

③表示触发点在当前波形视窗中的位置。

④表示水平时基（主时基）显示，即"秒/格"（s/DIV）。

⑤表示触发位置相对于视窗中点的水平距离。

延迟扫描用来放大一段波形，以便查看图像细节。延迟扫描时基设定不能慢于主时基的设定。按水平系统的 MENU 延迟扫描，如图 5-2-19 所示。

延迟扫描操作进行时，屏幕将分为上下两个显示区域，其中：上半部分显示的是原波形。未被半透明蓝色覆盖的区域是期望被水平扩展的波形部分。此区域可以通过转动水平 POSITION 旋钮左右移动，或转动水平 SCALE 旋钮扩大和减小选择区域。下半部分是选定的原波形区域经过水平扩展后的波形。值得注意的是，延迟时基相对于主时基提高了分辨率。由于整个下半部分显示的波形对应于上半部分选定的区域，因此转动水平 SCALE 旋钮减小选择区域可以提高延迟时基，即可提高波形的水平扩展倍数。

5.2.7　触发系统

触发决定了示波器何时开始采集数据和显示波形。一旦触发被正确设定，它可以将不稳定的显示转换成有意义的波形。示波器在开始采集数据时，先收集足够的数据在触发点的左

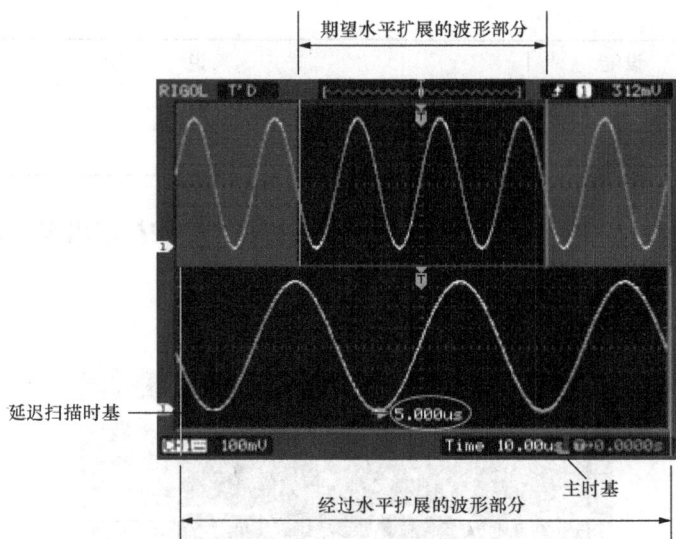

图 5 - 2 - 19　延迟扫描示意图

方画出波形，在等待触发条件发生的同时连续地采集数据，当检测到触发后，示波器连续地采集足够的数据以在触发点的右方画出波形。DS1052E 数字示波器操作面板的触发控制区包含四个按键。在触发控制区（TRIGGER）有一个旋钮、三个按键，设置触发系统按键（LEVEL、MENU、50％、FORCE），如图 5 - 2 - 20 所示。

　　LEVEL：设定触发点对应的信号电压，按下此旋钮使触发电平立即回零。50％：将触发电平设定在触发信号幅值的垂直中点。FORCE：强制产生一触发信号，主要应用于触发方式中的"普通"和"单次"模式。MENU：触发设置菜单按键。按触发系统的 MENU 功能键，系统将进入触发系统设置界面，如图 5 - 2 - 21 所示。

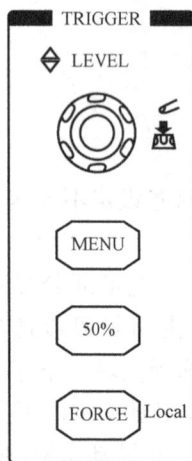

图 5 - 2 - 20　触发控制区

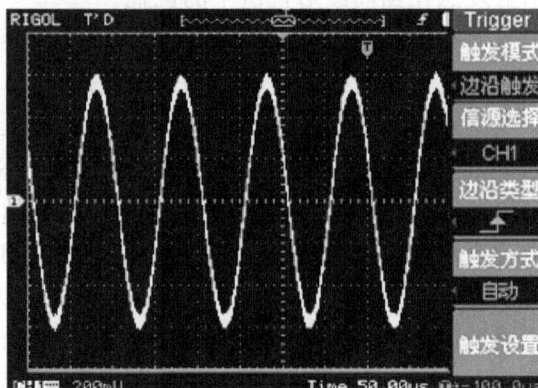

图 5 - 2 - 21　触发系统设置界面

5.2.7.1　触发控制

DS1052E 数字示波器具有丰富的触发功能，包括边沿触发、脉宽触发、斜率触发、视频触发、交替触发。边沿触发：当触发输入沿给定方向通过某一给定电平时，边沿触发发生。脉宽触发：设定脉宽条件捕捉特定脉冲。斜率触发：根据信号的上升或下降速率进行触发。视频触发：对标准视频信号进行场或行视频触发。交替触发：稳定触发双通道不同步信号。

1. 边沿触发

边沿触发方式：通过在波形上查找指定斜率和电压电平来识别触发，并在输入信号边沿的触发阈值上进行触发。选取边沿触发时，可在输入信号的上升沿、下降沿或上升和下降沿处进行触发。按触发系统的 MENU 功能键→触发模式→边沿触发，进入如图 5-2-22 所示菜单。

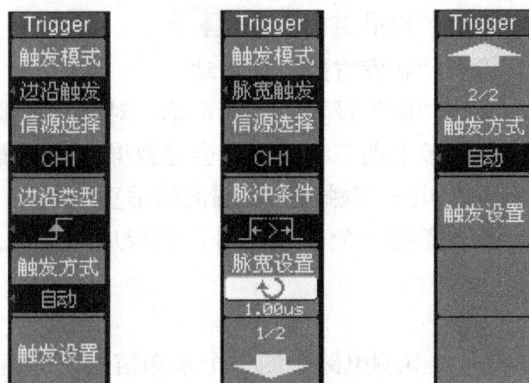

图 5-2-22 触发系统操作菜单

2. 脉宽触发

脉宽触发方式：将仪器设置为对指定宽度的正脉冲或负脉冲触发。可以通过设定脉宽条件捕捉异常脉冲。按触发系统的 MENU 功能键→触发模式→脉宽触发，进入相关菜单操作。

3. 斜率触发

斜率触发方式：把示波器设置为对指定时间的正斜率或负斜率触发。按触发系统的 MENU 功能键→触发模式→斜率触发，进入相关菜单操作。

4. 视频触发

视频触发方式：用于捕获电视（TV）设备的复杂波形。触发电路检测波形的水平和垂直间隔，根据选择的视频触发设置产生触发。选择视频触发以后，即可在 NTSC、PAL/SECAM 标准视频信号的场或行上触发。触发耦合预设为直流。按触发系统的 MENU 功能键→触发模式→视频触发，进入相关菜单操作。

5. 交替触发

交替触发方式：触发信号来自于两个垂直通道，此方式可用于同时观察两路不相关信号。可在该菜单中为两个垂直通道选择不同的触发类型，可选类型有边沿触发、脉宽触发、斜率触发和视频触发，两通道的触发电平等信息显示于屏幕右上角。按触发系统的 MENU 功能键→触发模式→交替触发，进入相关菜单操作。

5.2.7.2 触发设置

进入触发设置菜单，可对触发的相关选项进行设置。针对不同的触发方式，可设置的触发选项有所不同。信源选择非数字通道和斜率触发时，可对触发耦合、灵敏度和触发释抑进行设置；视频触发时，可对灵敏度和触发释抑进行设置；交替触发时，根据已选的触发类型不同，可设置的相关选项不同。

（1）使用旋钮改变触发电平设置。转动旋钮，可以发现屏幕上出现一条橘红色的触发线以及触发标志，随旋钮转动而上下移动。停止转动旋钮，此触发线和触发标志会在约 5s 后消失。在移动触发线的同时，可以观察到在屏幕上触发电平的数值发生了变化。

（2）使用 MENU 调出触发操作菜单，改变触发的设置，观察由此造成的状态变化。

按 1 号菜单操作按键，选择边沿触发。

按 2 号菜单操作按键，选择"信源选择"为 CH1。

按 3 号菜单操作按键，设置"边沿类型"为 ▁∫ 。

按 4 号菜单操作按键，设置"触发方式"为自动。

按 5 号菜单操作按键，进入"触发设置"二级菜单，对触发的耦合方式、触发灵敏度和触发释抑时间进行设置。说明：改变前三项的设置会导致屏幕右上角状态栏的变化。

（3）按 50% 按键，设定触发电平在触发信号幅值的垂直中点。

（4）按 FORCE 按键，强制产生一个触发信号，主要应用于触发方式中的"普通"和"单次"模式。

5.2.8　使用实例

［例 5 - 1］　测量简单信号：观测电路中的一个未知信号，迅速显示和测量信号的频率和峰峰值。

（1）欲迅速显示该信号，请按如下步骤操作：

1）将探头菜单衰减系数设定为 10X，并将探头上的开关设定为 10X。

2）将通道 1 的探头连接到电路被测点。

3）按下 AUTO（自动设置）按键。

示波器将自动设置使波形显示达到最佳状态。在此基础上，可以进一步调节垂直、水平挡位，直至波形的显示符合您的要求。

（2）进行自动测量。示波器可对大多数显示信号进行自动测量。欲测量信号频率和峰峰值，请按如下步骤操作：

1）测量峰峰值。按下 Measure 按键以显示自动测量菜单。按下 1 号菜单操作键选择信源 CH1。按下 2 号菜单操作键选择测量类型：电压测量。在电压测量弹出菜单中选择测量参数：峰峰值。此时，可以在屏幕左下角发现峰峰值的显示。

2）测量频率。按下 3 号菜单操作键选择测量类型：时间测量。在时间测量弹出菜单中选择测量参数：频率。此时，可以在屏幕下方发现频率的显示。注意：测量结果在屏幕上的显示会因为被测信号的变化而改变。

［例 5 - 2］　观察正弦波信号通过电路产生的延迟和畸变。

与［例 5 - 1］相同，设置探头和示波器通道的探头衰减系数为 10X。将示波器 CH1 通道与电路信号输入端相接，CH2 通道则与输出端相接。操作步骤如下：

（1）显示 CH1 通道和 CH2 通道的信号。

1）按下 AUTO（自动设置）按键。

2）继续调整水平、垂直挡位直至波形显示满足您的测试要求。

3）按 CH1 按键选择通道 1，旋转垂直（VERTICAL）区域的垂直旋钮调整通道 1 波形的垂直位置。

4）按 CH2 按键选择通道 2，如前操作，调整通道 2 波形的垂直位置。使通道 1、2 的波形既不重叠在一起，又利于观察比较。

（2）测量正弦信号通过电路后产生的延时，并观察波形的变化。

1）自动测量通道延时。按下 Measure 按钮以显示自动测量菜单。按下 1 号菜单操作键选择信源 CH1。按下 3 号菜单操作键选择时间测量。在时间测量选择测量类型：延迟。

2）观察波形的变化，如图 5-2-23 所示。

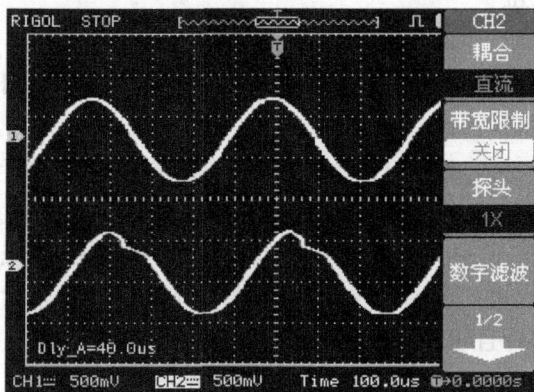

图 5-2-23　波形畸变示意图

5.2.9　故障排除

（1）如果按下电源开关示波器仍然黑屏，没有任何显示。

1）检查电源接头是否接好。

2）检查电源开关是否按实。

3）做完上述检查后，重新启动仪器。

（2）采集信号后，画面中并未出现信号的波形。

1）检查探头是否正常接在信号连接线上。

2）检查信号连接线是否正常接在 BNC（即通道连接器）上。

3）检查探头是否与待测物正常连接。

4）检查待测物是否有信号产生（可将探头补偿输出信号连接到有问题的通道确定是通道还是待测物的问题）。

5）再重新采集信号一次。

（3）测量的电压幅度值比实际值大 10 倍或小 10 倍。检查通道衰减系数是否与实际使用的探头衰减比例相符。

（4）有波形显示，但不能稳定下来。

1）检查触发面板的信源选择项是否与实际使用的信号通道相符。

2）检查触发类型，一般的信号应使用边沿触发方式，视频信号应使用视频触发方式。只有应用适合的触发方式，波形才能稳定显示。

3）尝试改变耦合为高频抑制和低频抑制显示，以滤除干扰触发的高频或低频噪声。

　　4）改变触发灵敏度和触发释抑设置。

　　（5）按下 RUN/STOP 键无任何显示。检查触发面板（TRIGGER）的触发方式是否在普通或单次挡，且触发电平是否超出波形范围。如果是，将触发电平居中，或者设置触发方式为自动挡。另外，按自动设置 AUTO 按键可自动完成以上设置。

　　（6）选择打开平均采样方式时间后，显示速度变慢：正常。

　　（7）波形显示呈阶梯状。

　　1）水平时基挡位可能过低，增大水平时基以提高水平分辨率，可以改善显示。

　　2）显示类型可能为矢量，采样点间的连线，可能造成波形阶梯状显示。将显示类型设置为点显示方式，即可解决。

5.3　DF1027A 型低频信号发生器使用说明

　　DF1027A 型低频信号发生器（见图 5-3-1）是具有高度稳定性、多功能等特点的函数信号发生器。其外形设计典雅、美观、坚固，操作方便，性能可靠。DF1027A 型低频信号发生器是一种多用途的 RC 信号发生器，能产生 10Hz～1MHz 的低失真正弦波、方波、脉冲波和 TTL 脉冲波。输出电压的有效值由三位数字电压表显示，输出信号的频率由六位数字频率计显示，数字频率计且可外接测频。

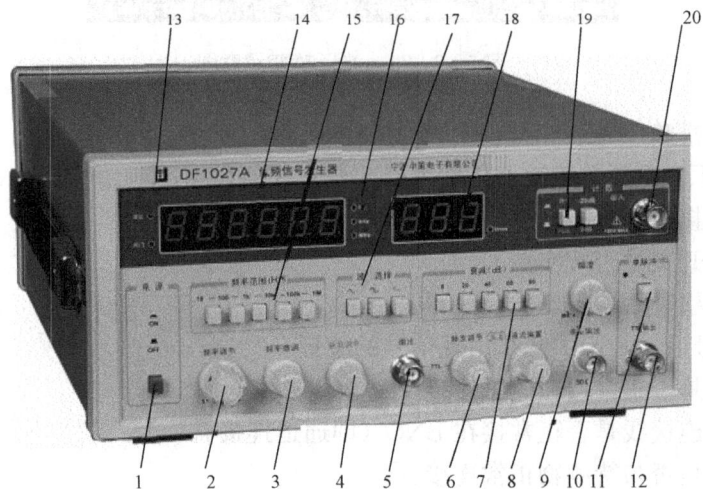

图 5-3-1　DF1027A 型低频信号发生器

5.3.1　面板标志说明及功能

　　本仪器采用全塑面框金属机壳，外形新颖美观，主要元器件大多数安装在一块印刷电路板上，各调整元件均置于明显位置，当仪器需要进行维修时，拆去上、下盖板的螺钉即可。面板标志说明及功能见表 5-3-1。

表 5 - 3 - 1　　　　　　　　　　　　**面板标志说明及功能**

序号	面板标志	作　　用
1	电源	电源开关。按下开关则电源接通，频率计亮
2	频率调节	频率调节开关，与"3"、"15"配合调节信号频率
3	频率微调	频率微调旋钮，与"2"、"15"配合调节信号频率
4	脉宽调节	当"17"波形选择脉冲波时，调节此旋钮，可以改变输出脉冲的占空比
5	TTL 输出	TTL 脉冲波输出端，阻抗为 50Ω
6	TTL 脉宽调节	调节此旋钮可以改变 TTL 脉冲的占空比，不用时，将开关推进
7	衰减（dB）	信号输出衰减开关，与"9"配合可获得所需的信号电压
8	直流偏置	当此旋钮拉出时，调节此电位器，用于改变输出信号的直流电平
9	幅度	调节此旋钮，可以改变输出信号的幅度。为保证输出指示的精度，当需要输出幅度小于信号源最大输出幅度的 1/10 时，建议使用衰减器
10	电压输出 50Ω	信号波形由此输出，阻抗为 50Ω
11	DF1027A 单脉冲按钮	每按此按钮一下，则在输出端"3"中输出一个脉冲信号，同时输出指示灯亮一下
	DF1027B 功率输出	功率输出"+"端，当信号频率低于 200kHz 时有输出，反之无输出，且红灯亮
12	DF1027A 单脉冲输出	单脉冲信号由此输出
	DF1027B 功率输出	功率输出"−"端
13	溢出、闸门	(1) 当外测频率超过测量范围时，溢出指示灯亮。 (2) 闸门灯闪烁，说明频率计正在工作
14	频率显示器	数字 LED，仪器内部信号的频率以及外测信号的频率均由此六个 LED 显示
15	频率范围（Hz）	频率范围选择开关，与"2"、"3"配合选择工作频率
16	Hz、kHz、MHz	频率指示单位，灯亮有效
17	波形选择	波形选择开关，用于选择输出信号的波形
18	输出电压指示	用于指示输出电压的有效值，（脉冲波除外），该值为输出端开路时电压，负载（R_L）上的电压值（U_L）可用下式计算：$U_L = (0.1)^{(衰减dB)/20} \times U_O \times R_L/(R_L + 50)$，式中 U_O 为电压表指示值。当波形选择脉冲波，脉冲波的峰值 $U_{P-P} = 2U_O$
19	计数选择	(1) 频率计内测和外测（按下）频率信号选择。 (2) 外测频率信号衰减选择，当外测频率信号幅度大于 $20U_{p-p}$ 时，按下此开关
20	计数输入	当用户需要外测其他信号频率时，与"19"配合，外测信号由此输入

5.3.2　主要技术特性

1. 频率

（1）频率范围：10Hz～1MHz 分五挡。

（2）频率漂移：预热 30min 后，连续工作 8h 漂移不大于 ±0.1%±1 个字。

2. 波形：正弦波、方波、脉冲波

（1）正弦波失真：50Hz～100kHz 不大于 0.2%（100k～1M 挡除外）；20Hz～100kHz 不大于 0.3%（100k～1M 挡除外）。

（2）频响：10Hz～100kHz 不大于±0.5dB；10Hz～1MHz 不大于±1dB。

（3）方波、脉冲前后沿不大于 200ns（电压输出）；方波、脉冲前后沿不大于 $2\mu s$（DF1027B 功率输出）。

（4）脉冲波占空比：20∶80～80∶20。

3. TTL 输出

（1）电平：高电平大于 2.4V，低电平小于 0.4V，能驱动 20 只 TTL 负载。

（2）上升时间：不大于 40ns。

（3）占空比：20∶80～80∶20。

（4）阻抗：50Ω±10%。

4. 单脉冲输出

（1）电平：TTL 电平输出。

（2）脉冲宽度：约为 10ms。

（3）阻抗：50Ω。

5. 电压输出

（1）阻抗：50Ω±10%。

（2）幅度：正弦波、方波不小于 10Vrms（空载）。

（3）衰减器：0、20、40、60、80dB 共五挡。

（4）衰减器误差：不大于±0.5dB（10Hz～200kHz）。

（5）直流偏置：−10～＋10V 连续可调（正弦波幅度为 $10U_{p-p}$）。

6. 功率输出（DF1027A 无此功能）

（1）输出功率：10Wmax$f$ 不大于 100kHz；5Wmax$f$ 不大于 200kHz。

（2）输出幅度：正弦波、方波不小于 10Vrms。

7. 输出指示

输出电压显示误差不大于±10%±2 个字（输出幅度值大于最大输出幅度 1/10 时，1kHz 为正弦波）。

8. 频率计

（1）测量范围：10Hz～10MHz，六位 LED 数字显示。

（2）输入阻抗：不小于 1MΩ/20pF。

（3）灵敏度：100mVrms。

（4）最大输入：150V（AC＋DC）（带衰减器）。

（5）输入衰减：20dB。

（6）测量误差：不大于 3×10^{-5}±1 个字。

9. 电源适应范围

（1）电压：220V±10%。

（2）频率：50Hz±2Hz。

（3）功率：25VA（DF1027A），35VA（DF1027B）。

10. 使用环境

（1）温度：0～40℃。

（2）湿度：不大于 RH90%。

（3）大气压力：86～104kPa。

11. 外形尺寸

340mm×270mm×120mm（$l×b×h$）。

12. 质量

约 3kg。

5.3.3 工作原理

本仪器原理框图如图 5-3-2 所示。

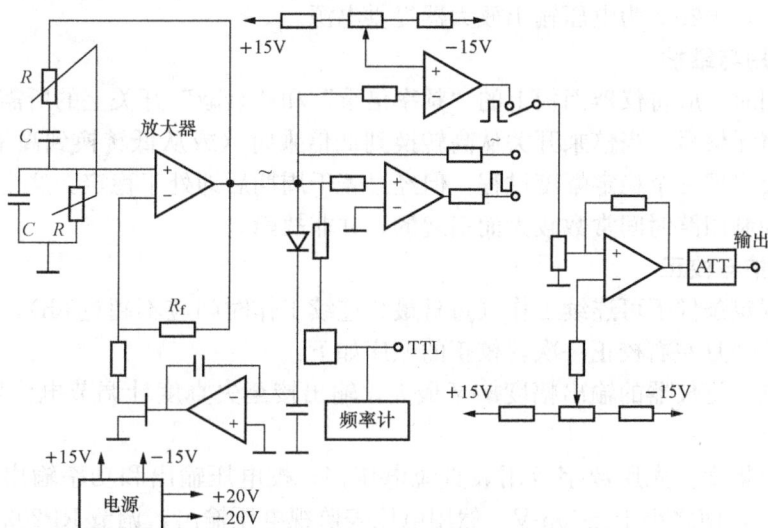

图 5-3-2　仪器原理框图

1. 振荡电路

DF1027A 低频信号发生器的振荡电路采用的是一种 RC 文氏桥振荡器，振荡器由放大器、RC 选频网络和自动增益平衡电路组成。

当输入到 RC 网络信号的角频率 $\omega = 1/RC$ 时，反馈系数 $F = 1/3$ 为最大，且输入输出信号相移为零，即只要同相放大器的电压放大倍数 $A \geq 3$ 就可产生频率为 $f = 1/2\pi RC$ 的正弦振荡。

改变 RC 网络中 R 及 C 的数值，输出频率将随之变化。其方法是：改变网络中的电容值实现频率倍乘变换，而每一倍乘内的频率细调则通过改变电阻值来实现。

为了保持高度的振荡稳定性，将输出的正弦波经过整流且积分器后的电平去控制 FET 的沟道电阻，这就相当于控制了反馈系数 F，从而保证幅度恒定，波形的失真也比较小。

2. 电压输出放大器

为了使输出能提供一定的功率，振荡器输出的电压经过放大器后输出。放大器的放大倍数约为 10 倍。

3. 频率计数器

本电路主要由宽带放大器、方波整形器、单片机、LED 显示器等组成（见图 5-3-3）。当频率计数器工作处于"外测"状态时，外来信号经放大整形后输入计数器，最后显示在 LED 数码管上，频率计内测时，信号直接输入计数器。

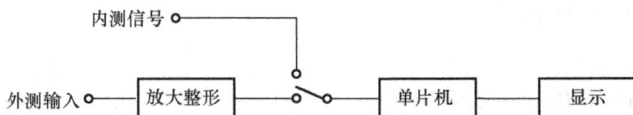

图 5-3-3 频率计数器电路框图

4. 电源

本机采用±20、±15、±5V 电源，±15V 为主稳压电源，供振荡电路使用；＋5V 电源供频率计使用；±20V 为电压输出放大器提供电源。

5.3.4 使用与维护

用户在使用时，应将仪器面板上的"频率倍乘"和"衰减"开关上的所需挡位按下，否则的话，输出将无信号。当倍乘开关从高转换到低倍乘时（或从低转换到高倍乘时），时间信号发生器将会出现一个稳定幅度过程，但经过若干周期后即处于稳定。这主要是为保证低失真，由于其控制回路时间常数较大而引起的，并非故障。

5.3.5 维护与校正

本仪器在规定条件下可连续工作（每日最长连续工作时间应不超过 8h），为了保持良好性能，建议每三个月左右校正一次，校正的顺序如下：

（1）校失真。将仪器的输出幅度旋至最大，输出接至失真度计调节电位器 RP105 使失真符合技术要求。

（2）校输出幅度。先用数字万用表直流电压挡，校电压输出和功率输出的零点，调节 RP201 和 RP301，使之小于±50mV。然用电压表监视电压输出，调节 RP202 使电表指示值与电压表上的值相一致。

（3）校频率计精度。将频率置于"外接"，将外部标准振荡器的 10MHz 信号输入到"外接计数器"端口，调整使 LED 显示为 9999.99kHz。

（4）校频率计灵敏度。外部信号源输出一幅度为 100mVrms、频率为 10MHz 的正弦波信号到"外接计数器"端口，调节 RP401，使 LED 稳定显示 9999.99kHz。

5.3.6 故障排除

故障排除应在熟悉仪器工作原理情况下进行，应按照稳压电源——正弦波振荡器——功率放大器——频率计数电路——显示电路的顺序进行，逐步检查，发现哪一部分故障即更换对应集成电路或其他元器件。

5.3.7 使用举例

例如要输出一个频率为 100kHz、电压幅度 5Vrms 的正弦信号，若输出端所连接较轻的负载，具体的调节步骤如下：

（1）先将计数选择置于"内测"状态（开关不按下）。按下"×10k"挡，然后调节频率调节和频率微调使频率计显示为 100.000kHz。

（2）波形选择置于"正弦波"，衰减按下"0dB"，在 50Ω 负载匹配的情况下，按下式计算

$$U_L = (0.1)^{(衰减dB)/20} \times U_O \times R_L / (R_L + 50)$$

由上式得，$U_L = 0.5U_O$，U_O 为电压指示值。所以，为了使 50Ω 负载上获得 5Vrms 的正弦波信号，需将电压表指示值调至 10Vrms。

5.4　SG2172 晶体管毫伏表使用说明

SG2172 晶体管毫伏表（见图 5-4-1）轻盈小巧，造型美观，使用方便，具有测量精度高、频率特性好（5Hz ~ 2MHz）、测量范围广（300MV~100V）等特点。

5.4.1　面板操作键使用说明

（1）电源（POWER）开关。将电源开关按键弹出即为"关"位置，将电源线接入，按电源开关，以接通电源。

（2）显示窗口。表头指示输入信号的幅度。黑色指针指示 CH1 输入信号幅度，红色指针指示 CH2 输入信号幅度。

（3）零点调节。开机前，如表头指针不在机械零点处，应用小一字螺钉旋具将其调至零点，黑框内调黑指针，红框内调红指针。

（4）量程旋钮。开机前，应将量程旋钮调至最大量程处，然后，当输入信号送至输入端后，调节

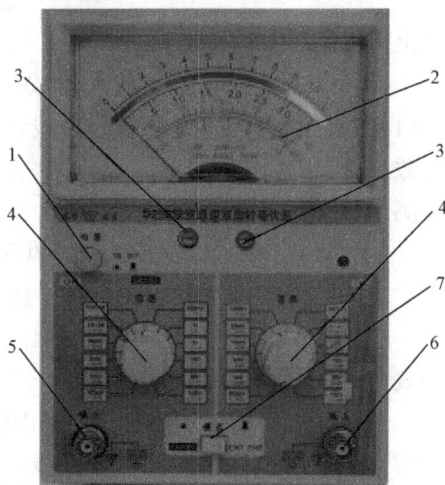

图 5-4-1　SG2172 晶体管毫伏表

量程旋钮，使表头指针指示在表头的适当位置，左边为 CH1 的量程旋钮，右边为 CH2 的量程旋钮。

（5）输入（INPUT）端口。输入信号由此端口输入，为 CH1 输入。

（6）输入（INPUT）端口。输入信号由此端口输入，为 CH2 输入。

（7）方式开关（MODE）。当此开关弹出时，CH1 和 CH2 量程旋钮分别控制 CH1 和 CH2 的量程；当此开关按入时，CH2 量程旋钮失去作用，CH1 量程旋钮同时控制 CH1 和 CH2 的电压量程。

（8）接地选择开关。此开关在后面板上，当此开关拨向上方，CH1 和 CH2 不共地；当此开关拨向下方，CH1 和 CH2 共地。

5.4.2　基本操作方法

打开电源开关前先检查输入的电压，将电源线插入后面板上的交流插孔，打开电源。

（1）将输入信号由输入端口（INPUT）送入交流毫伏表。

（2）调节量程旋钮，使表头指针位置在大于或等于满度的 1/3 处。

（3）将交流毫伏表的输出用探头送入示波器的输入端，当表针指示位于满刻度时，其输出应满足指标。

（4）将方式开关按入，将两个交流信号分别送入交流毫伏表的两个输入端，调节 CH1 量程旋钮，两只指针分别指示两个信号的交流有效值。

表头有两种刻度：①1V 作 0dB 的 dB 刻度值。②0.775V 作 0dBm（1mW、600Ω）的 dBm 的刻度值。

dB 被定义如下

$$dB=10lg(P_2/P_1)$$

如功率 P_2、P_1 的阻抗是相等的，则其比值也可以表示为

$$dB＝20lg(E_2/E_1)＝20lg(I_2/I_1)$$

dB 原是作为功率的比值，其他值的对数如电压的比值或电流的比值也可以称为"dB"。

例如：一个输入电压，幅度为 300mV，其输出电压为 3V 时，其放大倍数是

$$3V/300mV＝10$$

也可以用 dB 表示如下

$$放大倍数＝20lg(3V/300mV)＝20dB$$

（1）表盘红色上线为电压分贝线，是输入电压（不超过相应的量程）与 1V 比较而得的分贝数。

例如：$300\mu V$

$$dB＝20lg(U_2/U_1)＝20\times[lg(300\times10^6V/(1V)]$$
$$＝20(lg3\times10^{-4})＝20\times[lg3-4]$$
$$＝20\times(0.477-4)＝20\times(-3.52)＝-70.46$$

表盘上 $300\mu V$ 对应的分贝值为 $-0.46dB$，那么电平值为

$$-70dB＋(-0.46dB)＝-70.46dB(和上面计算的一致)$$

（2）表盘红色下线为功率分贝线，dBm 是 dB（mW）的缩写，它表示在 600Ω 负载上获得的功率与在 600Ω 上获得的功率 1mW 的比值。1mW 是指在 600Ω 负载上获得的功率，此时 1mW 在 600Ω 负载上的电压为 0.775V。

计算如下：

$$P＝U^2/R$$
$$1mW＝U^2/600\Omega$$
$$0.001W＝U^2/600\Omega$$
$$U＝\sqrt[2]{0.6}V$$
$$U＝0.775V$$

又如：$dBm＝10lg(P_2/P_1)＝10lg(P_2/1mW)$（必须和在 600Ω 上获得的功率 1mW 比较，即 P_2 为 600Ω 上获得的功率。）

$$dBm＝10lg[(U_2^2/600)/(U_1^2/600)]＝10lg(U_2^2/U_1^2)$$
$$＝20lg(U_2/U_1)＝20lg(U_2/0.775)$$

在 600Ω 负载上测得 1V，那么

$$dBm＝20lg(1/0.775)＝20lg1.29$$
$$＝20\times0.110＝2.2$$

功率或电压的电平由表面读出的刻度值与量程开关所在的位置相加而定。

例如：　刻度值　　　　量程　　　　　电平

$$(-1dB)＋(+20dB)＝+19dB$$
$$(+2dB)＋(+10dB)＝+12dB$$

5.4.3　使用注意事项

（1）避免过冷和过热，不可将交流毫伏表长期暴露在日光下，或靠近热源的地方，如火炉。

（2）不可在寒冷天气时放在室外使用，仪器温度的范围应是 0～40℃。

（3）避免炎热与寒冷环境的交替。不可将交流毫伏表从炎热的环境中突然转到寒冷的环境或相反进行，这将导致仪器内部形成凝结。

（4）避免湿度、水分和灰尘，如果将交流毫伏表放在湿度大或灰尘多的地方，可能导致仪器操作出现故障，最佳使用相对湿度范围是 35%～90%。

（5）不可将物体放置在交流毫伏表上，注意不要堵塞仪器通风孔。

（6）仪器不可遭到强烈的撞击。

（7）不可将导线或针插进通风孔。

（8）不可用连接线拖拉仪器。

（9）不可将烙铁放在仪器框架或表面。

（10）避免长期倒置存放和运输。如果仪器不能正常工作，重新检查操作步骤，如果仪器确已出现故障，请与您最近的销售服务处联系以便修理。

（11）不可将磁铁靠近表头。

（12）使用之前的检查步骤：

1）检查表针是否指在机械零点，如有偏差，请将其调至机械零点。

2）检查量程旋钮是否指在最大量程处，如有偏差，请将其调至最大量程处。

3）检查电压，参看表 5-4-1 可知该交流毫伏表的正确工作电压范围，在接通电源之前应检查电源电压。

表 5-4-1　　　　　毫伏表工作电压

额定电压	工作电压范围
交流 220V	交流 198～242V

4）为了防止由于过电流引起的电路损坏，应使用正确的熔丝值，见表 5-4-2。如果熔丝熔断，仔细检查原因，修理之后换上规定的熔丝。

表 5-4-2　　　　　SG2171 型熔断器

型号	SG2172
输入交流 220V	0.3A

5.4.4　维护与校正

（1）为了保证仪器正常工作，使用半年后应进行维护和校正。

（2）仪器应在正常工作条件下使用，不允许在日光暴晒、强烈振动及空气中含有腐蚀性气体的场合下使用。

（3）读数指示校正：将量程开关置于"1mV"挡，输入 1mV 标准信号，此时电压表应指示在满度值上，其误差在范围±3%内即为合格，如超差则可适当调整 RP1，使表头指示符合技术要求。其余各"mV"挡级一般不需校正，如有超差则调整相应衰减挡级电阻即可。再将量程开关置于"3V"挡，输入 3V 标准信号，调节电阻器 R2 及电容器 C2，使电压精度及频响均符合技术条件。

（4）监视输出校正：将量程开关置于"100mV"挡，输入 100mV 标准信号，此时电压表指示满度，测量监视输出端，输出电压应为 1Vrms，如超差则可调整 R43，使其符合技术要求。

(5) 故障排除：应在熟悉电原理图的基础上进行，首先检查直流稳压电源（＋15V）是否正常，然后可用示波器观察后面板的监视输出来确定故障产生的部位，如监视输出是无信号或信号失真，则故障在前置放大或监视输出放大电路，如监视输出正常而表头工作不正常，则表头放大电路发生故障。总之，仪器故障应从输入到输出级逐级检查，发现哪一级发生故障，应更换对应的晶体管和阻容元件。

5.5　VC9801A＋数字万用表使用说明

VC9801A＋数字万用表（见图 5 - 5 - 1）采用大规模集成电路 3 节 7 号电池供电的特殊电源电路，经济实用、更换方便。

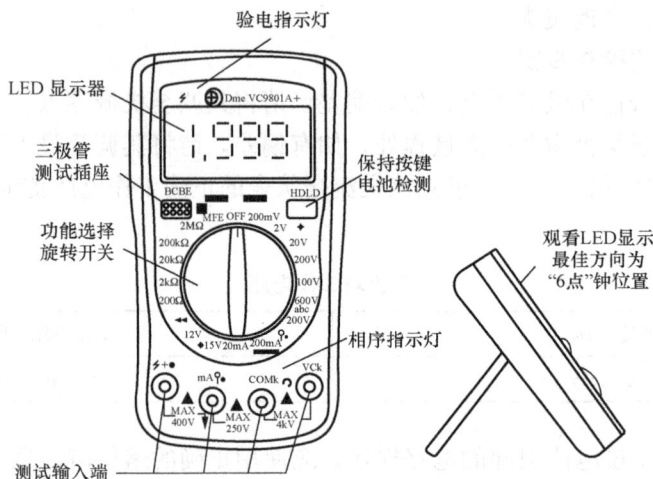

图 5 - 5 - 1　VC9801A＋数字万用表

放电保护采用 $200\mu F$ 电力电容，采用自复式电子全保护电路设计，以防误操作损坏仪表；配 K 型探头，具有 $-20 \sim +400℃$ 温度测量功能；独具特色电池内阻测算功能（VC9801A＋）；符合 CAT-11600V 安全标准。

5.5.1　使用前注意事项

(1) 操作者必须仔细阅读安全注意事项和使用说明书。

(2) 开机前应断开所有测量连接。

(3) 检查表笔应插在测量功能确定的仪表输入插孔中并可靠接触。

(4) 核对测量功能开关应选择正确。

(5) 开启电源后观察 LCD 显示无低压指示符号 。

5.5.2　直流电压测量（见图 5 - 5 - 2）

(1) 将功能开关置于直流电压挡。

(2) 将黑表笔插入 COM 插孔，红表笔插入 V 插孔。

(3) 将测试表笔探针连接到被测电源或负载上。

(4) 此时 LCD 显示数值即被测值，红表笔连接一端为"正"。

（5）如 LCD 上显示 "—" 号，则红表笔连接一端为 "负"。

（6）VC9801A＋数字万用表在 200mV 量程可以外接 10A 分流器测量大电流，测量时分流器接 COM 及 V 输入端，然后将表笔插在分流器插孔上，再串联到测量回路测试。

5.5.3　交流电压测量（见图 5 - 5 - 3）

（1）将功能开关置于交流电压挡。

（2）将黑表笔插入 COM 插孔，红表笔插入 V 插孔。

（3）用表笔探针连接被测电源或负载，此时 LCD 读数为被测交流电压的有效值。

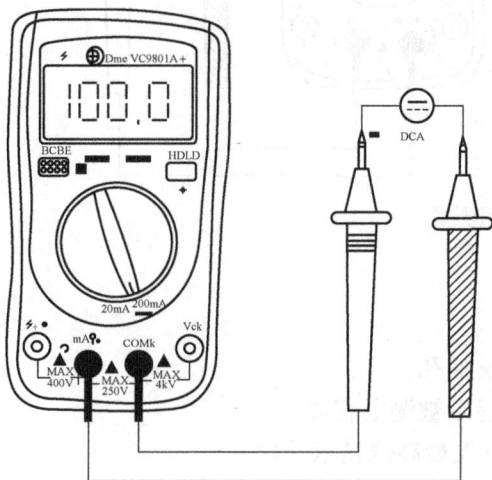

图 5 - 5 - 2　直流电压测量

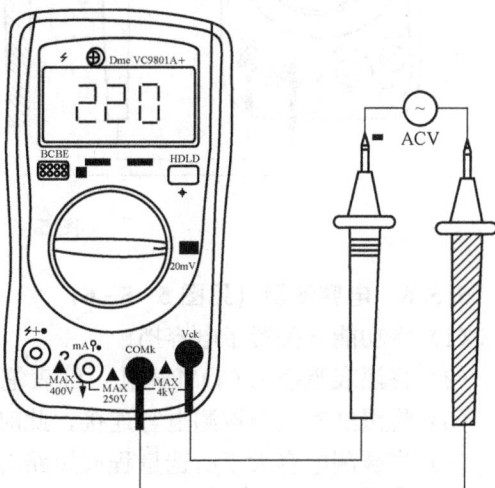

图 5 - 5 - 3　交流电压测量

5.5.4　直流电流测量（见图 5 - 5 - 4）

（1）将功能开关置于直流电流挡。

（2）将黑表笔插入 COM 插子 L，红表笔插入 mA 插孔。

（3）将测试表笔串联到被测电路回路。

（4）此时 LCD 显示数值即被测值，红表笔连接一端为 "正"。

（5）如 LCD 上显示 "." 号，则红表笔连接一端为 "负"。

（6）受电子保护电路影响，测量 100mA 1.2 上电流时，输入电阻压降可能大于 1V，且测试时间不能大于 20s。

5.5.5　电阻测量（见图 5 - 5 - 5）

（1）将功能开关置于电阻挡。

（2）将黑表笔插入 COM 插孔，红表笔插入 Ω 插孔。

（3）将黑红表笔与被测电阻连接，此时 LCD 显示被测电阻值。

（4）当被测电阻大于所选量程或开路时，LCD 仅最高位显示 "1"。

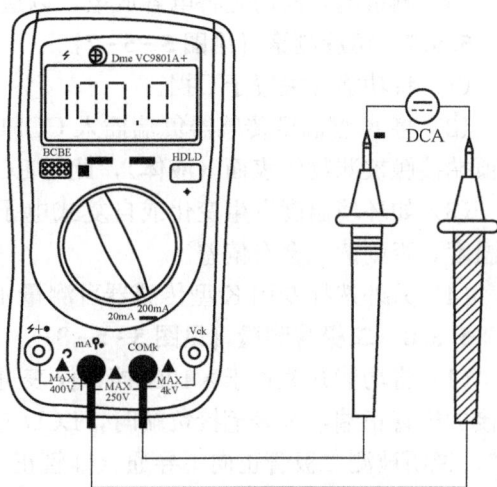

图 5 - 5 - 4　直流电流测量

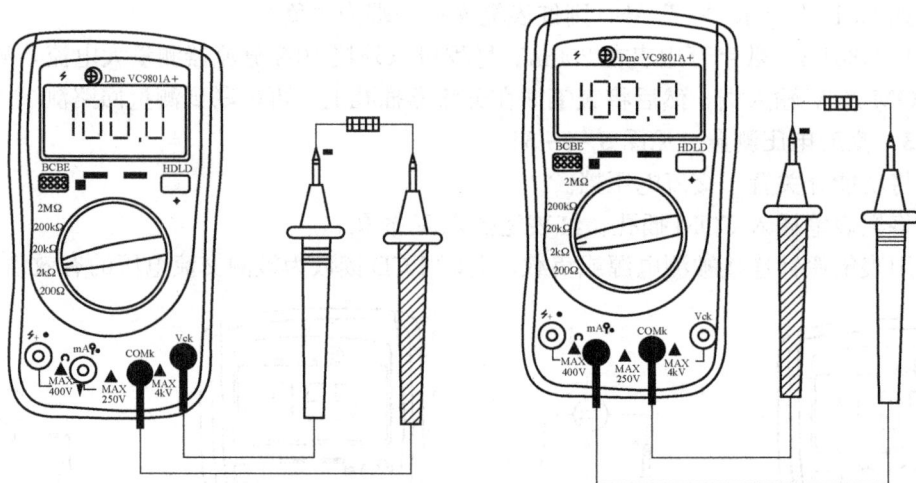

图 5-5-5　电阻测量

5.5.6　电容测量（见图 5-5-6）

（1）将功能开关置于电容挡。

（2）将黑表笔插入 COM 插孔，红表笔插入 Cx 插孔。

（3）将黑红表笔与被测电容连接，此时 LCD 显示被测电容值。

（4）当被测电容大于所选量程或短路时，LCD 仅最高位显示"1"。

（5）用 $200\mu F$ 量程测试大电容时，如 LCD 显示数字闪烁，则表明仪表电源供电不足，这将影响仪表不确定度，此时应更换电池。

（6）测量电容前请先将电容放电，以避免损坏仪表。

5.5.7　温度测量（见图 5-5-7）

（1）将功能开关置于℃挡。

（2）将 K 型温度传感器负端插入 COM 插孔，正端插入℃端，用 K 型传感器不锈钢探针顶端接触被测物体表面（液体），此时 LCD 显示被测温度值。

（3）如环境温度发生变化或自复式电子保护动作后，测量仪表应放置 30min 后才可测量温度，否则读数会有偏差。

（4）另外选择专用 K 型传感器可测量 400℃以上温度。

5.5.8　二极管测量（见图 5-5-8）

（1）将功能开关置于×10Ω 挡，仪表进入二极管测试状态，LCD 显示"1"。当红表笔连接二极管正端，黑表笔接负端时，LCD 应显示被测二极管正向压降近似值，如 LCD 显示"1"，说明被测二极管正向不导通（硅管正向压降约为 0.5～0.7V，锗管约为 0.2～0.3V）。

（2）当被测元件或回路两端电阻约小于 30Ω 时，蜂鸣器发声提示导通。

5.5.9　三极管测量（见图 5-5-9）

（1）将功能开关置于 h_{FE} 挡，仪表显示"000"。

（2）根据三极管类型（如 PNP/NPN）选择对应的测试插孔位置。

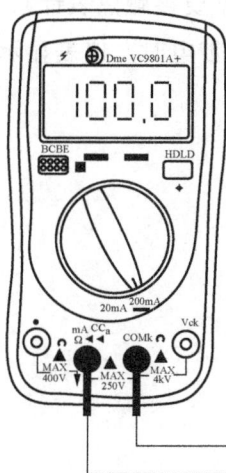
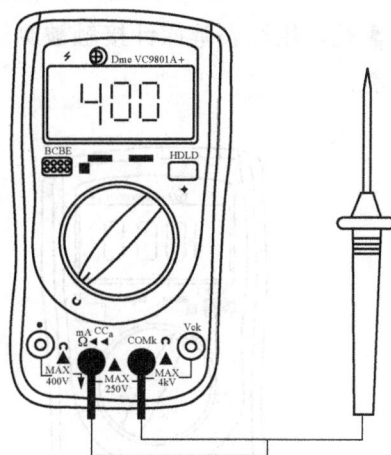

图 5 - 5 - 6　电容测量　　　　　　　　　　图 5 - 5 - 7　温度测量

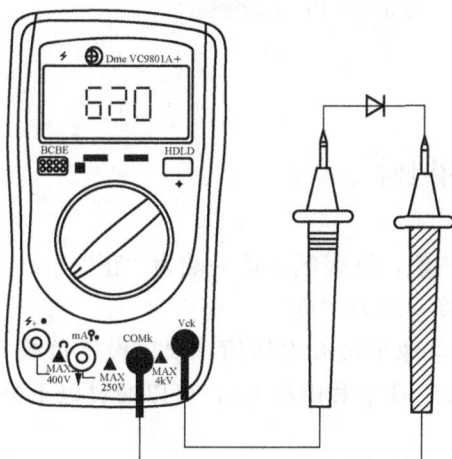
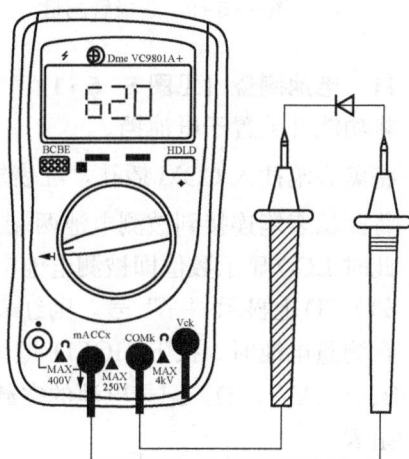

(a)　　　　　　　　　　　　　　　　　　(b)

图 5 - 5 - 8　二极管测量

（3）将三极管脚位插入对应的测试插孔，LCD 显示值为被测三极管 h_{FE} 值。如显示不正常，说明被测三极管脚位不对或损坏。

5.5.10　相序测量（见图 5 - 5 - 10）

（1）旋转开关选择 600V～/abc 量程。

（2）将红表笔插入 c 输入端，黑表笔插入 b 输入端，黄色连接线插入 a 输入端。

（3）将黄、黑、红接线夹及表笔探针直接连接三相电端点，此时若相序指示灯亮，说明此连接为正相序，端点对应为黄/a、黑/b、红/c。

（4）如上述连接时指示灯不亮，请将红、黑表笔所连接端点对换再行测试，此时测试指示灯亮，说明此连接为正相序，端点对应关系同上。如此时指示灯仍不亮，说明有缺相或连接有误，请采用相线判别功能进行判断。

（5）相线判别测试：在此量程，把黑表笔握在手上（请注意不要接触黑表针），再将红表笔插入⚡端，用红表笔探针接触被测端点，当被测点为相线且带电时，仪表显示器上端的指示灯亮。

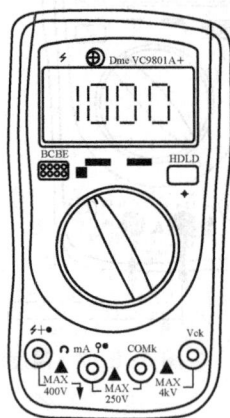

图 5-5-9　三极管测量　　　　　图 5-5-10　相序测量

5.5.11　电池测量（见图 5-5-11）

（1）将功能开关置于电池挡。

（2）将黑表笔插入 COM 插孔，红表笔插入 ╫ 插孔。

（3）将测试表笔连接到被测电池两端。

（4）此时 LCD 显示数值即被测电池空载电压值，红表笔连接一端为"正"。

（5）如 LCD 上显示"一"号，则红表笔连接一端为"负"。

（6）在测量电池时，按下 HOLD/键测试为电池带负载电压值，仪表设定负载 R_0 约为 12V/900Ω、1.5V/150Ω，记录电池的空载电压 U_1 及带载电压 U_2，可以通过以下公式计算出电池内阻 R_i

$$R_i = \frac{U_1 - U_2}{R_0}$$

本计算只供参考：

例如：测得 $U_1 = 1.550V$，$U_2 = 1.450V$，已知电池 1.5V，$R_0 = 150\Omega$

$$R_i = \frac{1.55 - 1.45}{150} \approx 0.0007(\Omega)$$

5.5.12　外接钳头测量（见图 5-5-12）

（1）将功能開关置于≈挡。

（2）将附件输入负端连接 COM 端，正端连接到≈端。

（3）将外接附件钳头夹住被测导线，此时 LCD 读数为被测交流电流的有效值。

5.5.13　一般特性

最大显示：1999 自动极性显示。

测量方法：双积分 A/D 转换器。

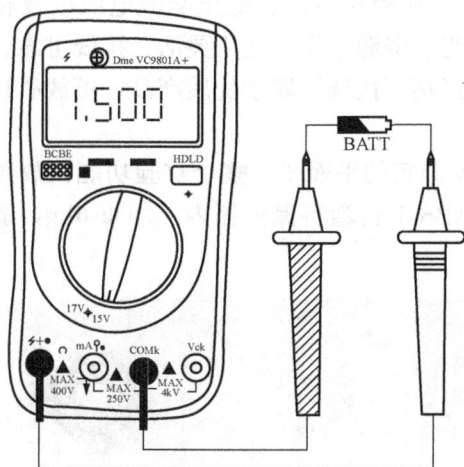

图 5-5-11　电池测量　　　　　　　　　图 5-5-12　外接钳头测量

采样速率：每秒 2.5 次。

过载显示：仅最高位显示"1"。

最大共模电压：500V DC/AC 有效值。

工作环境温度：0～40℃；相对湿度小于 $80\%RH$。

储存环境温度：－10～50℃；相对湿度小于 $85\%RH$。

电源：3 节 7 号电池（AAA）。

低电压显示：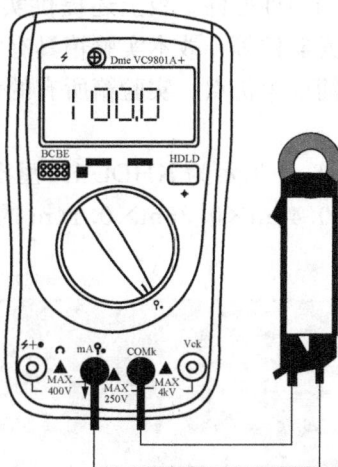。

静态电流：约 10mA。

5.5.14　保养

（1）此表为精密测量仪表，为延长使用寿命，应尽量避免在恶劣环境下使用。

（2）为保证测量不确定度，请勿随意调节或更改内部线路。

（3）如果较长时间不使用，应取出电池，防止电池漏液腐蚀仪表。

（4）更换电池时，须先断开测量电路，之后将电池门的螺钉取掉，倒出需更换的电池，换上新电池。

（5）清洁仪表表面，应采用碧丽珠，用干布抹擦。禁止用其他化学剂或尖硬物体抹擦表面。

（6）如遇溅泼水或浸水，待水干后才能正常测量。

5.6　KHDL-1A 型电路原理实验箱使用说明

　　KHDL-1A 型电路原理实验箱是根据目前我国"电路原理"教学大纲的要求，为了配合高等院校、职业技术学院、中等专业学校学生学习"电路"等课程而制作、生产的新一代实验箱，它包含了全部电路原理实验的基本教学实验内容及有关课程设计的内容。

　　本实验箱主要由一整块单面敷铜印刷线路板构成，其正面（非敷铜面）印有清晰的图形线条、字符，使其功能一目了然。板上设有可靠的各集成块插座、镀银长紫铜针管插座及高可靠、高档弹性插件；板上还提供实验必需的直流稳压电源、低压交流电源以及相关的电子、电器元器件等。故本实验箱具有实验功能强、资源丰富、使用灵活、接线可靠、操作快捷、维护简单等优点。实验箱所有的元器件均经精心挑选，属于优质产品，可放心让学生进行实验。

图 5-6-1 所示为 KHDL-1A 型电路原理实验箱的平面图，整个实验功能板放置并固定在体积为 0.46m×0.36m×0.14m 的高强度 ABS 工程塑料保护箱内，净重 6kg，造型美观大方。

图 5-6-1　KHDL-1A 型电路原理实验箱平面图

5.6.1　组成

实验箱的后方设有带熔丝管（0.5A）的 220V 单相交流两芯电源插座（配有三芯插头电源线一根）。箱内设有两只降压变压器，供五路直流稳压电源用及为实验提供多组低压交流电源。

一块大型（430mm×320mm×2mm）单面敷铜印刷线路板，正面印有清晰的各部件、元器件的图形、线条和字符，反面则是装接其相应的实际元器件。该板上包含着以下各部分内容：

（1）正面左下方装有电源总开关。

（2）直流稳压电源提供±12V/0.5A，0~30V/0.5A 共三路，其中 0~30V 电源分 0~10V、10~20V、20~30V 三挡，每挡均连续可调，每路电源均有短路保护自动恢复功能。只要开启电源总开关，就可输出相应电压值。

（3）直流恒流源输出 0～200mA，分 2、20、200mA 三挡，每挡均连续可调。

（4）直流数字毫安表测量范围 0～200mA，量程分 2、20、200mA 三挡，直键开关切换，三位半数显，精度 0.5 级。

（5）回转器一组。

（6）负阻抗变换器一组。

（7）本实验箱附有充足的长短不一的实验专用连接导线一套。

5.6.2　实验内容

本实验箱所提供的实验项目如下：

（1）叠加原理的验证。

（2）基尔霍夫定律的验证。

（3）戴维南定理的验证。

（4）诺顿定理的验证。

（5）二端口网络测试。

（6）互易定理的验证。

（7）R、C 文氏桥选频网络特性测试。

（8）R、C 双 T 选频网络特性测试。

（9）受控源 VCVS、VCCS、CCVS、CCCS 的实验研究。

（10）R、L、C 串联谐振电路的研究。

（11）R、C 一阶电路的响应测试。

（12）二阶动态电路的响应测试。

（13）二阶网络状态轨迹的显示。

（14）回转器实验。

（15）负阻抗变换器实验。

5.6.3　使用注意事项

（1）使用前应先检查各电源是否正常，检查步骤为：

1）关闭实验箱的所有电源开关，然后用随箱的三芯电源线接通实验箱的 220V 交流电源。

2）开启实验箱上的电源总开关（置于开端），则相应的船形开关指示灯亮。

3）开启直流稳压电源的两组开关（置于开端），则相对应的三只 LED 发光二极管应点亮。

（2）接线前务必熟悉实验板上各元器件的功能、参数及其接线位置，特别要熟知各集成块插脚引线的排列方式及接线位置。

（3）实验接线前必须先断开总电源与各分电源开关，严禁带电接线。

（4）实验始终实验板上要保持整洁，不可随意放置杂物，特别是导电的工具和多余的导线等，以免发生短路等故障。

（5）本实验箱上的各挡直流电源设计时仅供实验使用，一般不外接其他负载。如作他用，则要注意使用的负载不能超出本电源的使用范围。

（6）本实验箱中只有一块电流表，且量程为毫安级，故在测量支路电流时，将电流表串联接入电路。本次测量结束后，将该表拆下，再接入另一个要测量的支路，并将原电路接好。

（7）测量电路的电流时，首先将电流表的量程调到最大，防止电流大而表的量程小将表烧毁，若电流较小，则再逐级下调量程。选择合适的量程，有利于减少误差。

（8）本实验箱的电流表为数字式，可以显示负值，所以一定要正确判断支路电流的真实方向，这样才能判断电流表显示的电流的正负。

（9）电路中实线部分，说明电路已经接通；虚线部分，说明电路断开。

（10）实验箱中标注的电阻阻值有一定的误差，使用时应先用万用表测量，以减小误差。

（11）实验完毕，应及时关闭各电源开关（置关端），并及时清理实验板面，整理好连接导线并放置在规定的位置。

（12）实验时需用到外部交流供电的仪器，如示波器等，这些仪器的外壳应接地。

5.7　EEL-1A 型电工电子实验台使用说明

5.7.1　概述

EEL-1A 型电工电子实验台是根据目前"电工技术"、"电工学"、"电子技术"教学大纲和实验大纲的要求，广泛吸收各高等院校从事该课程教学和实验教学教师的建议，并综合了国内各类实验装置的特点而设计的最新产品。全套设备能满足各类学校"电工学"、"电工技术"和"电子技术"课程的实验要求。

本装置是由实验台、实验桌和若干实验组件挂箱等组成，如图 5-7-1 所示。

图 5-7-1　EEL-1A 型　电工电子实验台

5.7.2　实验台操作、使用说明

实验台为铁质喷塑结构，铝质面板。台上固定有交流电源的启动控制装置、三相电源电压指示切换装置、低压直流稳压电源、恒流源、功率函数信号发生器、定时器兼报警记录仪和数模双显直流电压表、电流表以及交流电压表、电流表和功率表等。

1. 交流电源的启动

（1）实验台的左后侧有一根接有三相四芯插头的电源线，先在电源线下方的接线柱上接好机壳的接地线，然后将三相四芯插头接通三相四芯 380V 交流电。这时，实验台左侧的三相四芯插座即可输出三相 380V 交流电。本装置适用于三相四线制和三相五线制电源。

（2）将实验台左侧的三相自耦调压器的手柄按逆时针方向旋转至零位。将"电压指示切换"开关置于"三相电网输入"侧，将断路器拨至 ON。此时，实验台左侧的三相四芯电源插座即有 380V 交流电压输出。此插座可用来串接另一实验台的电源插头，但应注意，最多只能依次串接三台实验台。

（3）开启钥匙式三相电源总开关，"停止"按钮灯亮（红色），三只电压表（0～450V）指示出输入三相电源线电压之值，此时，实验台左侧的单相三芯 220V 电源插座和右侧的单相三芯 220V 处均有相应的交流电压输出。

（4）按下"启动"按钮（绿色），红色按钮灯灭，绿色按钮灯亮，同时可听到实验台内交流接触器的瞬间吸合声，面板上与 U1、V1 和 W1 相对应的黄、绿、红三个 LED 指示灯亮。至此，实验台启动完毕。

2. 三相可调交流电源输出电压的调节

将"电压指示切换"开关置于"三相调压输出"侧，三只电压表指针回到零位。按顺时针方向缓缓旋转三相自耦调压器的旋转手柄，三只电压表的指针将随之偏转，即指示出实验台上三相可调电压输出端 U、V、W 两两之间的线电压之值，直至调节到某实验内容所需的电压值。实验完毕，将旋柄调回零位，并将"电压指示切换"开关拨至"三相电网输入"侧。

3. 实验日光灯的使用

本实验台上有一个 40W 日光灯管，日光灯管的四个引脚已独立引至台上，以供做日光灯实验时用。

4. 定时器兼报警记录仪

（1）定时器与报警记录仪是专门为教师对学生的实验考核而设置的。可以调整考核时间，到达设定时间，可自动断开电源。可累计操作过程中各种报警次数，以考察学生的实验质量。

（2）报警器的报警功能分电流表、电压表的超量程报警，内电路漏电报警，过电流、过电压报警三部分，显示的报警次数即三项报警次数的累加。

5. 仪表的使用

设备左上方设有三只交流电压表、三只交流电流表、两只功率表及一只功率因数表，共九只数显表。设备由三套微机系统构成，具有量程自动选择和手动选择两种功能，使用方法如下：

（1）当左下面板"断开"指示灯亮时，可打开左上面板上的交流仪表电源开关，仪表经过自检后，进入量程状态"00"或"0.00"。

（2）按下任一只数字仪表上红色键，该仪表就进入量程自动切换状态，当放开红色键时，该仪表就进入量程手动切换状态。此时再按下相应的量程键，就可进行实验测量。

（3）当进入手动切换量程状态时，一旦测量值超过所选量程，设备将断开三相调压输出电源，蜂鸣器响，左面板左上角告警指示灯亮，同时超量程的仪表指示"FULL"字样，只要按下左面板下方相应的复位按钮，告警状态消除。排除故障或重新选择量程，按下左下面板"闭合"开关又能重新实验。

（4）交流电压表、电流表超量程时，相应仪表的红色发光管亮，且切断总电源，蜂鸣器响。按下相应的复位按钮，告警消除。排除故障或重新选择量程，按下左下面板"闭合"开关又能重新实验。

6. 试验台设备参数

(1) 主要技术指标。

功能：可测量单相交流负载的功率，可显示电路的功率因数及负载性质、频率。

测量精度：0.5 级。

量程范围：电压 15～450V，电流 30mA～5A。

(2) 测量线路。

单瓦特表法测量单相负载功率。

7. 注意事项

在测量过程中，外来的干扰信号难免会干扰主机的运行，若出现死机，请按"复位"键。

5.7.3 实验桌

实验桌上装置有实验控制台，并有一个较宽畅的工作台面，在实验桌的正前方设有两个抽屉，电路中的连线置于抽屉中，若两点之间距离过长，可以将两根导线连接。

5.7.4 电源控制屏的安全保护系统

(1) 电源进线端设有一组 10A 三相四线电源保护开关，对人身安全起到一定程度的保障作用。

(2) 控制屏设有三台三相隔离变压器，使实验强电输出与电网隔离开，对人身安全起到一定程度的保障作用。

(3) 控制屏设有内漏电保护装置，当控制屏内有漏电现象，电压超过规定值时，保护系统立即动作，接触器释放跳闸，使隔离变压器前的线路漏电，即切断总电源，以确保用电的安全。带漏电故障排除后，方可重新启动控制屏。

(4) 控制屏设有外漏电保护装置，当三相隔离变压器至三相自耦调压器的线路、三相自耦调压器输出线路及实验过程中连线有漏电现象，电压超过规定值时，保护系统立即动作，同时蜂鸣器发出告警信号，控制屏正面左上方告警指示灯亮，接触器释放跳闸，切断总电源，以确保用电的安全，待漏电故障排除后，按动控制屏正面左上方复位按钮，此时告警指示灯灭，蜂鸣器停止发出告警信号，可重新启动控制屏。

(5) 三相调压输出设有过电流保护装置，当相与相短路或相与线间的电流超过 3.5A 时，保护体系立即动作，同时蜂鸣器发出告警信号，控制屏正面左上方告警指示灯亮，接触器跳闸切断总电源。故障排除后，按动控制屏右上方复位按钮，告警指示灯灭，告警信号停止，才可重新启动控制屏继续实验。

5.7.5 装置的保养维护

(1) 装置应放置平稳，平时应注意清洁，不用时最好加盖保护布或塑料布。

(2) 使用前应检查输入电源线是否完好，屏上开关是否置于"关"位，调压器是否置于"零"位。

(3) 对各个旋钮进行调节时，动作要轻，用力切忌过度，以防旋钮开关等损坏。

(4) 如遇各有源挂箱不工作时，应关闭该箱电源，检查各熔断器是否完好。

(5) 更换挂箱前，应关闭控制屏电源。挂箱时动作要轻，防止强烈碰撞，切忌带电插拔挂箱的电源插头。

（6）不用时挂箱应分类整齐地放置在实验桌里面的柜里。

5.7.6　使用注意事项

（1）本实验台中共有九只仪表，在使用这些仪表时，要注意量程的选择。若测量的数值大于表的量程，则电路会发出报警，并切断电路，此时，一定先切断主电源，然后检查电路，排除故障后，才可重新启动电源。

（2）实验台的抽屉中有三种颜色的导线，在实验过程中，最好一相电路采用一种颜色的导线，这样便于电路的检查与测量。

（3）每次实验时，一定先连接好电路，检查无误后再开启电源。

（4）每次实验结束后，一定先关闭实验台的总电源，然后按顺序拆线。拆线时一定要单手握住导线接头的根部拔出，切不可抓住导线的其他部位拔出，以免损坏导线。

（5）实验过程中经常会出现过电流现象而导致电路中熔丝烧毁，致使电路出现短路，同学们可以分析故障产生的原因及故障出现的部位，但不要自己动手对实验台的电路进行拆解，请报告实验老师，请老师进行解决。

（6）与本次无关的元器件，请勿使用。

（7）本实验台采用的是三相交流电，单相电压为 220V，会对人的身体形成潜在的威胁，所以一定要注意安全。

附录 实验考核表

实验 3 - 1　电路元件伏安特性的测绘及直流电路的测量

| 预习思考题 | 1. 线性电阻与非线性电阻的概念是什么？二者有何区别？ |
| | 2. 稳压二极管与普通二极管有何区别？其用途如何？ |

<table>
<tr><td rowspan="16">实验数据</td><td colspan="7" align="center">线性电阻元件伏安特性</td></tr>
<tr><td>U_S（V）</td><td></td><td></td><td></td><td></td><td></td><td></td></tr>
<tr><td>U_{R2}（V）</td><td></td><td></td><td></td><td></td><td></td><td></td></tr>
<tr><td>I（mA）</td><td></td><td></td><td></td><td></td><td></td><td></td></tr>
<tr><td>R_1（Ω）（实际值）</td><td></td><td></td><td></td><td></td><td></td><td></td></tr>
<tr><td>R_2（Ω）（实际值）</td><td></td><td></td><td></td><td></td><td></td><td></td></tr>
<tr><td colspan="7" align="center">二极管正向特性实验</td></tr>
<tr><td>U_S（V）</td><td></td><td></td><td></td><td></td><td></td><td></td></tr>
<tr><td>U_D（V）</td><td></td><td></td><td></td><td></td><td></td><td></td></tr>
<tr><td>I（mA）</td><td></td><td></td><td></td><td></td><td></td><td></td></tr>
<tr><td>R（Ω）（实际值）</td><td></td><td></td><td></td><td></td><td></td><td></td></tr>
<tr><td colspan="7" align="center">二极管反向特性实验</td></tr>
<tr><td>U_S（V）</td><td></td><td></td><td></td><td></td><td></td><td></td></tr>
<tr><td>U_D（V）</td><td></td><td></td><td></td><td></td><td></td><td></td></tr>
<tr><td>I（mA）</td><td></td><td></td><td></td><td></td><td></td><td></td></tr>
</table>

	直流电路电压、电流与电阻的测量							
实验数据	结点电压（V）	项目	U_{ab}	U_{bc}	U_{cd}	U_{ac}	U_{bd}	U_{ad}
		测量值						
		理论值						
		误差						
	支路电流（A）	项目	I_1	I_2	I_3	I_4	I_5	
		测量值						
		理论值						
		误差						
	电阻的测量（Ω）	项目	R_{ab}	R_{ac}	R_{ad}	R_{bc}	R_{bd}	R_{cd}
		测量值						
		理论值						
		误差						

实验总结

1. 根据实验结果，绘出电阻、二极管的伏安特性，归纳各元件的特性。

2. 在电阻的测量中，画出 R_{ad} 等效电路，并计算等效电阻。

预习：	优　良　中　及格　不及格	指导教师：	
实验：	优　良　中　及格　不及格		
总成绩：	优　良　中　及格　不及格		

姓名：　　　　　　班级：　　　　　　　学号：　　　　　　　　　年　月　日

	实验 3 - 2　叠加定理及基尔霍夫定律实验

预习思考题	1. 计算图 3 - 2 - 4 所示电路中两电源共同作用时的电流 I_1、I_2、I_3。
	2. 使用万用表测量电流时应将电流表怎样接入电路中？测量电压和电阻时操作上注意哪些问题？若将电流表错当成电压表来用，可能产生什么后果？

实验数据	叠加定理、基尔霍夫电流定律	E_1、E_2 同时作用		E_1 单独作用		E_2 单独作用		叠加结果	
		U_{AB}（V）		U'_{AB}（V）		U''_{AB}（V）		$U'_{AB}+U''_{AB}$（V）	
		U_{BD}（V）		U'_{BD}（V）		U''_{BD}（V）		$U'_{BD}+U''_{BD}$（V）	
		U_{BC}（V）		U'_{BC}（V）		U''_{BC}（V）		$U'_{BC}+U''_{BC}$（V）	
		I_1（mA）		I'_1（mA）		I''_1（mA）		$I'_1+I''_1$（mA）	
		I_2（mA）		I'_2（mA）		I''_2（mA）		$I'_2+I''_2$（mA）	
		I_3（mA）		I'_3（mA）		I''_3（mA）		$I'_3+I''_3$（mA）	
		$\sum I$（mA）		$\sum I'$（mA）		$\sum I''$（mA）		$\sum I'+\sum I''$	
	基尔霍夫电压定律	项目	U_{AB}（V）	U_{BC}（V）	U_{CD}（V）	U_{DA}（V）	回路 ABCDA（$\sum U$）（V）	
		测量值						
		计算值						

实验总结

1. 比较测量值与计算值,分析总结误差产生的原因。

2. 根据测量数据,选择一个结点、一个回路、一条支路验证基尔霍夫定律、叠加定理的正确性。

3. 根据测量数据,分析电阻上的功率是否符合叠加定理?

预习:	优 良 中 及格 不及格	指导教师:
实验:	优 良 中 及格 不及格	
总成绩:	优 良 中 及格 不及格	

姓名：　　　　　　班级：　　　　　　学号：　　　　　　　　　年　月　日

实验 3-3　电压源与电流源的等效变换

<table>
<tr><td rowspan="2">预习思考题</td><td colspan="6">1. 直流稳压电源的输出端为什么不允许短路？直流恒流源的输出端为什么不允许开路？</td></tr>
<tr><td colspan="6">2. 恒流源的特点是什么？</td></tr>
<tr><td rowspan="14">实验数据</td><td colspan="6" align="center">理想电压源</td></tr>
<tr><td>U (V)</td><td></td><td></td><td></td><td></td><td></td></tr>
<tr><td>I (mA)</td><td></td><td></td><td></td><td></td><td></td></tr>
<tr><td colspan="6" align="center">实际电压源</td></tr>
<tr><td>U (V)</td><td></td><td></td><td></td><td></td><td></td></tr>
<tr><td>I (mA)</td><td></td><td></td><td></td><td></td><td></td></tr>
<tr><td colspan="6" align="center">理想电流源 $R_\circ$ 为 ∞</td></tr>
<tr><td>U (V)</td><td></td><td></td><td></td><td></td><td></td></tr>
<tr><td>I (mA)</td><td></td><td></td><td></td><td></td><td></td></tr>
<tr><td colspan="6" align="center">理想电流源 $R_\circ$ 为 1kΩ</td></tr>
<tr><td>U (V)</td><td></td><td></td><td></td><td></td><td></td></tr>
<tr><td>I (mA)</td><td></td><td></td><td></td><td></td><td></td></tr>
<tr><td colspan="6" align="center">电源等效变换</td></tr>
<tr><td>U (V)</td><td colspan="2" align="center">I (mA)</td><td colspan="3" align="center">I_S (mA)</td></tr>
<tr><td></td><td colspan="2"></td><td colspan="3"></td></tr>
</table>

续表

实验总结

1. 根据实验数据绘出电源的外特性，并总结、归纳各类电源的特性。

2. 电压源与电流源的外特性为什么呈下降变化趋势？稳压源和恒流源的输出在任何负载下是否保持恒值？

3. 从实验结果，验证电源等效变换的条件。

预习：	优　　良　　中　　及格　　不及格	指导教师：
实验：	优　　良　　中　　及格　　不及格	
总成绩：	优　　良　　中　　及格　　不及格	

姓名： 班级： 学号： 年 月 日

	实验 3-4 戴维南定理—有源二端网络等效参数的测定
预习思考题	1. 计算图 3-4-6 所示电路的开路电压 U_{oc} 和等效内阻 R_o。 2. 有源二端网络等效参数的测量方法有哪些？

<table>
<tr><td rowspan="13">实验数据</td><td colspan="6" align="center">戴维南定理等效电路的开路电压和等效内阻的测量</td></tr>
<tr><td colspan="2" align="center">U_{oc} （V）</td><td colspan="2" align="center">I_{sc} （mA）</td><td colspan="2" align="center">$R_o = U_{oc}/I_{sc}$ （Ω）</td></tr>
<tr><td colspan="2"></td><td colspan="2"></td><td colspan="2"></td></tr>
<tr><td colspan="6" align="center">负载实验</td></tr>
<tr><td>R_L （Ω）</td><td></td><td></td><td></td><td></td><td></td></tr>
<tr><td>I （mA）</td><td></td><td></td><td></td><td></td><td></td></tr>
<tr><td>U （V）</td><td></td><td></td><td></td><td></td><td></td></tr>
<tr><td colspan="6" align="center">验证戴维南定理实验</td></tr>
<tr><td>R_L （Ω）</td><td></td><td></td><td></td><td></td><td></td></tr>
<tr><td>I （mA）</td><td></td><td></td><td></td><td></td><td></td></tr>
<tr><td>U （V）</td><td></td><td></td><td></td><td></td><td></td></tr>
</table>

实验总结

1. 根据实验内容 1 方法测得的 U_{oc} 与 R_{o} 与预习时电路计算的结果比较，能得出什么结论？

2. 根据步骤 2 和 3，分别绘出曲线，验证戴维南定理的正确性，并分析产生误差的原因。

3. 解释半压法求 R_{o} 的原理。

预习：	优　良　中　及格　不及格	指导教师：
实验：	优　良　中　及格　不及格	
总成绩：	优　良　中　及格　不及格	

姓名： 班级： 学号： 年 月 日

实验 3-5 互感电路的观测

<table>
<tr><td rowspan="3">预习思考题</td><td>1. 什么是自感？什么是互感？</td></tr>
<tr><td>2. 实际生活学习中，我们能感受哪些互感的应用？</td></tr>
<tr><td>3. 如何用交流法判断同名端？为什么要标注同名端？</td></tr>
</table>

实验数据	同名端测定			
		U_{12}	U_{34}	U_{13} 或 U_{14}	同名端

	U_{12}	U_{34}	U_{13} 或 U_{14}	同名端
2，4 连接				
2，3 连接				

互感系数的测定			
U_{12}	U_{34}	I_1 或 I_2	M

耦合系数的测定							
N_2 开路，$U_1=2\text{V}$	I_1	U_2	L_1	N_1 开路，$U_2=1\text{V}$	I_2	U_1	L_2	K

实验总结

1. 电感的值是由什么决定的? 互感值又和什么因素有关?

2. 总结对互感线圈同名端、互感系数的实验测试方法。

3. 简述耦合系数测量方法。

预习:	优　　良　　中　　及格　　不及格	指导教师:
实验:	优　　良　　中　　及格　　不及格	
总成绩:	优　　良　　中　　及格　　不及格	

姓名：   班级：   学号：   年 月 日

实验 3 - 6　受控源 VCVS、VCCS、CCVS、CCCS 的实验研究

预习思考题	1. 简述受控电源和独立电源的区别。 2. 简述受控电源的分类以及控制量的量纲意义。 3. 实验中，注意运放的输出端不能与地短接，输入电压不得超过 10V。并请考虑在用恒流源供电的实验中，为何不允许使恒流源负载开路？

实验数据	CCVS	固定 $R_L=2\text{k}\Omega$，调节直流恒流源输出电流 I_S 使其在 $0\sim0.8\text{mA}$ 范围内取值								
		测量值	I_S（mA）							
			U_2（V）							
		实验计算值	r_m（kΩ）							
		理论计算值	r_m（kΩ）							
		保持 $I_S=0.3\text{mA}$，R_L 从 $1\text{k}\Omega$ 至 ∞ 取值								
		R_L（kΩ）								
		U_2（V）								
		I_L（mA）								

续表

实验数据	VCCS	固定 R_L＝2kΩ，调节直流稳压电源输出电压 U_1 使其在 0～5V 范围内取值							
		测量值	U_1（V）						
			I_L（mA）						
		实验计算值	g_m（S）						
		理论计算值	g_m（S）						
		保持 U_1＝2V，R_L 从 0～5kΩ 取值							
		R_L（kΩ）							
		I_L（mA）							
		U_2（V）							

实验总结

1. 对实验的结果做出合理的分析和结论，总结对四类受控源的认识和理解。

2. 根据测量数据，在下面分别汇出 VCCS、CCVS 受控源的转移特性和负载特性曲线，并求出相应的转移参量。

预习：	优 良 中 及格 不及格	指导教师：
实验：	优 良 中 及格 不及格	
总成绩：	优 良 中 及格 不及格	

姓名：　　　　　　　班级：　　　　　　　学号：　　　　　　　年　月　日

实验 3-7　正弦交流信号的测量

| 预习思考题 | 1. 阅读示波器使用说明书，说明示波器面板上的旋钮"V/DIV"、"T/DIV"、"H/DIV"、"D/DIV"的含义是什么？ |
| | 2. 为防止外界干扰，信号发生器的接地端和示波器的接地端要如何处理？ |

实验数据	正弦波信号频率、幅值的测定		
	示波器所测项目	500Hz、0.5V	1500Hz、1V	20kHz、3V
	示波器"T/DIV"旋钮位置			
	一个周期占有的格数			
	信号周期（μs）			
	计算所得频率（Hz）			
	示波器"V/DIV"位置			
	峰峰值波形格数			
	峰峰值			
	计算所得有效值（V）			
	方波信号频率、幅值的测定		
	示波器所测项目	500Hz、1V	1500Hz、1V	20kHz、3V
	示波器"T/DIV"旋钮位置			
	一个周期占有的格数			
	信号周期（μs）			
	脉宽			
	计算所得频率（Hz）			
	示波器"V/DIV"位置			
	峰峰值波形格数			
	峰峰值			

续表

实验数据	被测信号	相位差比较							
		周期			相位差		电压		
		TIME/DIV 挡位	X 方向格数	μs	相差格数	度数	VOLTS/DIV 挡位	Y 方向格数	峰峰值（V）
	U_a								
	U_b								

实验总结

1. 根据实验数据，分析最大值、有效值、峰峰值之间的关系。

2. 应用双踪示波器观察到图 3-7-2 所示的两个波形，CH1 和 CH2 轴的 "V/DIV" 的指示均为 0.5V，"T/DIV" 指示为 20μs，试写出这两个波形信号的波形参数。

预习：	优　　良　　中　　及格　　不及格	指导教师：
实验：	优　　良　　中　　及格　　不及格	
总成绩：	优　　良　　中　　及格　　不及格	

姓名：　　　　　　班级：　　　　　　　学号：　　　　　　　　年　月　日

实验 3 - 8　*RLC* 串联谐振电路的研究

<table>
<tr>
<td rowspan="3">预习思考题</td>
<td colspan="4">1. 图 3-8-1 所示电路 $R=510\Omega$、$C=0.1\mu F$、$L=100mH$，线圈电阻忽略的情况下计算电路的谐振频率 f_0 和品质因数 Q。</td>
</tr>
<tr>
<td colspan="4">2. Q 是反映谐振电路性质的一个重要指标，Q 值大小与哪些参数有关？电阻 R 增加或减小 Q 值将怎么变化？</td>
</tr>
<tr>
<td colspan="4">3. 在理想情况下串联谐振时，$X_L=X_C$，输入端电压 $U_i=U_R$，所谓的理想情况指什么？</td>
</tr>
</table>

<table>
<tr>
<td rowspan="11">实验数据</td>
<td rowspan="2">谐振电压</td>
<td colspan="2">U_R</td>
<td colspan="2">U_L</td>
<td colspan="2">U_C</td>
</tr>
<tr>
<td colspan="2"></td>
<td colspan="2"></td>
<td colspan="2"></td>
</tr>
<tr>
<td rowspan="9">电流频率特性测试</td>
<td rowspan="2">频率 f（Hz）</td>
<td colspan="2">U_R（V）</td>
<td colspan="2">$I=U_R/R$（mA）</td>
</tr>
<tr>
<td>$R=510\Omega$</td>
<td>$R=200\Omega$</td>
<td>$R=510\Omega$</td>
<td>$R=200\Omega$</td>
</tr>
<tr>
<td></td>
<td></td>
<td></td>
<td></td>
<td></td>
</tr>
<tr>
<td></td>
<td></td>
<td></td>
<td></td>
<td></td>
</tr>
<tr>
<td></td>
<td></td>
<td></td>
<td></td>
<td></td>
</tr>
<tr>
<td>f_0</td>
<td></td>
<td></td>
<td></td>
<td></td>
</tr>
<tr>
<td></td>
<td></td>
<td></td>
<td></td>
<td></td>
</tr>
<tr>
<td></td>
<td></td>
<td></td>
<td></td>
<td></td>
</tr>
<tr>
<td></td>
<td></td>
<td></td>
<td></td>
<td></td>
</tr>
</table>

实验曲线	电流频率特性曲线	$I=U_R/R$（mA） f（Hz）

实验总结

1. 总结分析 RLC 串联交流电路的谐振状态的特点。

2. 总结分析 RLC 串联交流电路的电流频率特性。

预习：	优　　良　　中　　及格　　不及格	指导教师：
实验：	优　　良　　中　　及格　　不及格	
总成绩：	优　　良　　中　　及格　　不及格	

姓名： 班级： 学号： 年 月 日

实验 3 - 9 日光灯电路及功率因数的提高

| 预习思考题 | 1. 日光灯电路由哪些元件组成？ |
| | 2. 叙述改善感性负载功率因数的意义和方法。 |

测量数据

实验数据	未并联电容	U (V)	U_R (V)	U_L (V)	I (A)	相量关系（$\dot{U}$、$\dot{U}_R$、$\dot{U}_L$）	
		I_{RL} (A)	P (W)	$\cos\varphi$	φ	$\longrightarrow \dot{I}$	

	并联电容	$C=1\mu F$	U (V)	U_R (V)	U_L (V)	I (A)	I_{RL} (A)
			I_C (A)	P (W)	$\cos\varphi$	φ	
		$C=2\mu F$	U (V)	U_R (V)	U_L (V)	I (A)	I_{RL} (A)
			I_C (A)	P (W)	$\cos\varphi$	φ	

续表

			U（V）	U_R（V）	U_L（V）	I（A）	I_{RL}（A）
实验数据	并联电容	$C=3\mu F$					
			I_C（A）	P（W）	$\cos\varphi$	φ	
			U（V）	U_R（V）	U_L（V）	I（A）	I_{RL}（A）
		$C=4\mu F$					
			I_C（A）	P（W）	$\cos\varphi$	φ	

	电流相量关系	相量关系（$\dot{I}$、$\dot{I}_C$、$\dot{I}_{RL}$） $\longrightarrow \dot{U}$

实验总结

1. 如何提高日光灯电路的功率因数?

2. 总结分析 $\dot{U}$、$\dot{U}_R$、$\dot{U}_L$、$\dot{I}$、$\dot{I}_C$、$\dot{I}_{RL}$ 之间的关系。

预习:	优　　良　　中　　及格　　不及格	指导教师:
实验:	优　　良　　中　　及格　　不及格	
总成绩:	优　　良　　中　　及格　　不及格	

姓名： 班级： 学号： 年 月 日

实验 3 - 10 三相交流电路			
预习思考题	1. 叙述三相交流电路负载的连接方式，以及各连接方式线电压和相电压、线电流和相电流的关系。		
	2. 三相星形连接不对称负载在无中线的情况下，当某相负载开路或短路时会出现什么情况？		

实验数据	线电压	U_{AB} （V）		U_{BC} （V）	U_{AC} （V）
	星形连接	物理量		对称负载	不对称负载
		有中线	U_A （V）		
			U_B （V）		
			U_C （V）		
			I_A （A）		
			I_B （A）		
			I_C （A）		
			I_N （A）		
		无中线	U_A （V）		
			U_B （V）		
			U_C （V）		
			I_A （A）		
			I_B （A）		
			I_C （A）		

实验总结

1. 用实验数据和观察到的现象，总结三相四线供电系统中中线的作用。说明为何不能在中线上接熔丝和开关。

2. 根据实验数据总结对称负载星形连接时，相电压和线电压、线电压和相电流之间的数值关系。

3. 三相负载根据什么条件作星形或三角形连接。

预习：	优　　良　　中　　及格　　不及格	指导教师：
实验：	优　　良　　中　　及格　　不及格	
总成绩：	优　　良　　中　　及格　　不及格	

姓名：　　　　　　　班级：　　　　　　　学号：　　　　　　　年　月　日

<table>
<tr><td colspan="3" align="center">实验 3－11　一阶电路过渡过程的研究与测量</td></tr>
<tr>
<td rowspan="3">预习思考题</td>
<td colspan="2">1. 什么样的电信号可作为 RC 一阶电路零输入响应、零状态响应和全响应的激励信号？</td>
</tr>
<tr>
<td colspan="2">2. 根据实验中使用的方波脉冲（1kHz，3V）及实验中所用的 $R＝5k\Omega$，$C＝0.01\mu F$，预先计算出方波脉冲的宽度 $T/2$ 及时间常数 τ。</td>
</tr>
<tr>
<td colspan="2">3. 时间常数 τ 的大小对电路的充电和放电的曲线有哪些影响？并将 τ 的数值取尽量大和尽量小，将观察波形记录在下面的表格中。</td>
</tr>
<tr>
<td rowspan="4">实验数据</td>
<td rowspan="2">积分电路输出波形</td>
<td align="center">R、C 取值小（$R＝5k\Omega$、$C＝0.01\mu F$）　　　　　　R、C 取值大（$R＝5k\Omega$、$C＝0.04\mu F$）</td>
</tr>
<tr>
<td></td>
</tr>
<tr>
<td rowspan="2">微分电路输出波形</td>
<td align="center">R、C 取值小（$R＝5k\Omega$、$C＝0.01\mu F$）　　　　　　R、C 取值大（$R＝5k\Omega$、$C＝0.1\mu F$）</td>
</tr>
<tr>
<td></td>
</tr>
</table>

	电路形式	RC		计算值 τ（ms）	测量值 τ（ms）	波形
实验数据	RC 过渡过程	$R=10\text{k}\Omega$	$C=0.01\mu\text{F}$			
		$R=10\text{k}\Omega$	$C=0.04\mu\text{F}$			
		$R=10\text{k}\Omega$	$C=0.1\mu\text{F}$			
	积分电路	R	C	波形		
		$10\text{k}\Omega$	$0.1\mu\text{F}$			
	微分电路	C	R	波形		
		$0.01\mu\text{F}$	$10\text{k}\Omega$			

实验总结

1. 根据实验观测结果，在方格纸上绘出 RC 一阶电路充放电时 U_c 的变化曲线，由曲线测得 τ 值，并与参数值的计算结果作比较，分析误差原因（$R=10\text{k}\Omega$、$C=0.01\mu\text{F}$）。

2. 何谓积分电路和微分电路？它们必须具备什么条件？它们在方波序列脉冲的激励下，其输出信号波形的变化规律如何？这两种电路有何功用？

预习：	优　　良　　中　　及格　　不及格	指导教师：
实验：	优　　良　　中　　及格　　不及格	
总成绩：	优　　良　　中　　及格　　不及格	

姓名：　　　　　　班级：　　　　　　学号：　　　　　　　　年　月　日

<table>
<tr><td colspan="5" align="center">实验 3 - 12　RC 选频网络特性测试</td></tr>
<tr>
<td rowspan="3">预习思考题</td>
<td colspan="4">1. 根据 RC 串、并联电路参数，估算电路参数时的固有频率 f_0。</td>
</tr>
<tr>
<td colspan="4">2. 推导 RC 串、并联电路及 RC 双 T 电路的幅频、相频特性的数学表达式。</td>
</tr>
<tr>
<td colspan="4">3. 什么是 RC 串、并联电路的选频特性？当频率等于谐振频率时，电路的输出、输入有何关系？</td>
</tr>
<tr>
<td rowspan="13">实验数据</td>
<td colspan="13" align="center">RC 串、并联电路选频特性</td>
</tr>
<tr>
<td rowspan="4">幅频特性</td>
<td rowspan="2">$R=1k\Omega$
$C=0.1\mu F$</td>
<td>f</td><td></td><td></td><td></td><td></td><td></td><td></td><td></td><td></td><td></td>
</tr>
<tr>
<td>u_0</td><td></td><td></td><td></td><td></td><td></td><td></td><td></td><td></td><td></td>
</tr>
<tr>
<td rowspan="2">$R=200\Omega$
$C=2\mu F$</td>
<td>f</td><td></td><td></td><td></td><td></td><td></td><td></td><td></td><td></td><td></td>
</tr>
<tr>
<td>u_0</td><td></td><td></td><td></td><td></td><td></td><td></td><td></td><td></td><td></td>
</tr>
<tr>
<td rowspan="8">相频特性</td>
<td rowspan="4">$R=1k\Omega$
$C=0.1\mu F$</td>
<td>f（Hz）</td><td></td><td></td><td></td><td></td><td></td><td></td><td></td><td></td><td></td>
</tr>
<tr>
<td>T（ms）</td><td></td><td></td><td></td><td></td><td></td><td></td><td></td><td></td><td></td>
</tr>
<tr>
<td>t（ms）</td><td></td><td></td><td></td><td></td><td></td><td></td><td></td><td></td><td></td>
</tr>
<tr>
<td>φ（°）</td><td></td><td></td><td></td><td></td><td></td><td></td><td></td><td></td><td></td>
</tr>
<tr>
<td rowspan="4">$R=200\Omega$
$C=2\mu F$</td>
<td>f（Hz）</td><td></td><td></td><td></td><td></td><td></td><td></td><td></td><td></td><td></td>
</tr>
<tr>
<td>T（ms）</td><td></td><td></td><td></td><td></td><td></td><td></td><td></td><td></td><td></td>
</tr>
<tr>
<td>t（ms）</td><td></td><td></td><td></td><td></td><td></td><td></td><td></td><td></td><td></td>
</tr>
<tr>
<td>φ（°）</td><td></td><td></td><td></td><td></td><td></td><td></td><td></td><td></td><td></td>
</tr>
</table>

续表

实验数据		RC 双 T 电路选频特性									
	幅频特性	f									
		u_0									
	相频特性	f（Hz）									
		T（ms）									
		t（ms）									
		φ（°）									

实验总结

1. 根据实验数据，绘制 RC 串、并联电路的幅频、相频特性曲线，找出谐振频率和幅频特性的最大值，并与理论计算值比较。

2. 根据实验数据，绘制 RC 双 T 电路的幅频、相频特性曲线，并与理论计算值比较。

预习：	优　良　中　及格　不及格	指导教师：
实验：	优　良　中　及格　不及格	
总成绩：	优　良　中　及格　不及格	

姓名： 班级： 学号： 年 月 日

实验 3-13 二阶动态电路响应的研究

<table>
<tr>
<td rowspan="3">预习思考题</td>
<td>1. 列出 RLC 二阶电路的动态方程。</td>
</tr>
<tr>
<td>2. 什么是二阶电路的零状态响应和零输入响应？它们变化规律与哪些因素有关？</td>
</tr>
<tr>
<td>3. 叙述 RLC 二阶电路在欠阻尼振荡放电过程中衰减常数 α 的意义。</td>
</tr>
</table>

<table>
<tr>
<td rowspan="8">实验数据</td>
<td rowspan="2">电路参数
实验次数</td>
<td colspan="4">元件参数</td>
<td colspan="2">测量值</td>
</tr>
<tr>
<td>R_1</td>
<td>R_2</td>
<td>L</td>
<td>C</td>
<td>α</td>
<td>ω</td>
</tr>
<tr>
<td>1</td>
<td>10kΩ</td>
<td rowspan="6">调至某一欠阻尼状态</td>
<td>10mH</td>
<td>1000pF</td>
<td></td>
<td></td>
</tr>
<tr>
<td>2</td>
<td>10kΩ</td>
<td>10mH</td>
<td>3300pF</td>
<td></td>
<td></td>
</tr>
<tr>
<td>3</td>
<td>10kΩ</td>
<td>10mH</td>
<td>0.33μF</td>
<td></td>
<td></td>
</tr>
<tr>
<td>4</td>
<td>30kΩ</td>
<td>10mH</td>
<td>3300pF</td>
<td></td>
<td></td>
</tr>
<tr>
<td>5</td>
<td></td>
<td></td>
<td></td>
<td></td>
<td></td>
</tr>
<tr>
<td>6</td>
<td></td>
<td></td>
<td></td>
<td></td>
<td></td>
</tr>
</table>

实验数据	过阻尼非振荡放电过程波形	
	欠阻尼振荡放电过程的波形	
	临界状态的波形	

实验总结

1. 什么情况下衰减振荡可以变为等幅振荡?

2. 在示波器荧光屏上，如何测得二阶电路零输入响应欠阻尼状态的衰减常数 α 和振荡频率 ω_d?

预习：	优　　良　　中　　及格　　不及格	指导教师：
实验：	优　　良　　中　　及格　　不及格	
总成绩：	优　　良　　中　　及格　　不及格	

姓名：　　　　　　班级：　　　　　　　学号：　　　　　　　　年　月　日

	实验3-14　二阶网络状态轨迹的显示
预习思考题	1. 观察状态轨迹时，示波器与电路应如何连接？ 2. 在实验电路中为何要串接 $R=30\Omega$ 的小电阻？
实验数据	RLC 电路在过阻尼时的状态轨迹 RLC 电路在欠阻尼时的状态轨迹 RLC 电路在 $R=0$ 时的状态轨迹

续表

实验总结

1. 观察已绘出的各种状态轨迹，与计算结果相比较，说明产生差别的原因。

2. 为何实测状态轨迹与理论状态轨迹不同？

3. 叙述二阶网络状态轨迹的测试方法。

预习：	优　　良　　中　　及格　　不及格	指导教师：
实验：	优　　良　　中　　及格　　不及格	
总成绩：	优　　良　　中　　及格　　不及格	

姓名： 班级： 学号： 年 月 日

	实验 3-15 双口网络参数的测量					
预习思考题	1. 叙述双口网络的特点和意义。					
	2. 四端网络与双口网络有何区别？					
	3. 写出双口网络传输方程。					

			测量值			计算值	
实验数据	双口网络 I	输出端开路 $I_{12}=0$	U_{110} （V）	U_{120} （V）	I_{110} （mA）	A_1	B_1
		输出端短路 $U_{12}=0$	U_{11S} （V）	I_{11S} （mA）	I_{12S} （mA）	C_1	D_1
			测量值			计算值	
	双口网络 II	输出端开路 $I_{22}=0$	U_{210} （V）	U_{220} （V）	I_{210} （mA）	A_2	B_2
		输出端短路 $U_{22}=0$	U_{21S} （V）	I_{21S} （mA）	I_{22S} （mA）	C_2	D_2

续表

实验数据	两个双口网络级联后等效双口网络的传输参数测定						计算传输参数
	输出端开路 $I_2=0$			输出端短路 $U_2=0$			
	U_{10}（V）	I_{10}（mA）	R_{10}（kΩ）	U_{1S}（V）	I_{1S}（mA）	R_{1S}（kΩ）	
							$A=$
	输入端开路 $I_1=0$			输入端短路 $U_1=0$			$B=$
	U_{20}（V）	I_{20}（mA）	R_{20}（kΩ）	U_{2S}（V）	I_{2S}（mA）	R_{2S}（kΩ）	$C=$
							$D=$

实验总结

1. 双口网络的参数为何与外加电压或流过网络的电流无关？

2. 叙述双口网络的传输参数的含义。

3. 叙述两双口网络级联后的传输参数与每一个参加级联的双口网络的传输参数之间的关系。

预习：	优　　良　　中　　及格　　不及格	指导教师：
实验：	优　　良　　中　　及格　　不及格	
总成绩：	优　　良　　中　　及格　　不及格	

参 考 文 献

[1] 胡学林，等 . 电路实验指导 [M] . 成都：西南交通大学出版社，2008.

[2] 刘清，等 . 电路分析 [M] . 北京：电子工业出版社，2014.

[3] 徐云，等 . 电路实验与测量 [M] . 北京：清华大学出版社，2008.

[4] 邱关源，等 . 电路 [M] . 4 版 . 北京：高等教育出版社，2009.

[5] 高艳萍，等 . 电工电子实验指导 [M] . 北京：中国电力出版社，2011.

[6] 张峰，等 . 电路实验教程 [M] . 北京：高等教育出版社，2008.

[7] 徐国华，等 . 电路实验教程 [M] . 北京：北京航空航天大学出版社，2005.

[8] 聂典，等 . Multisim 12 仿真设计 [M] . 北京：电子工业出版社，2014.